设计必修课

室内光环境设计

高蕾 王恒 编著

SHINEI GUANG HUANJING SHEJI

化学工业出版社
·北京·

内容简介

光环境设计是室内设计的一个重要环节，也是保证环境质量和设计构想最终实施的重要手段。本书从室内光环境设计的概念与原理出发，帮助读者理解室内光环境的营造手法、布光演绎手法，并通过在实际室内空间中的应用来进一步巩固对光环境设计的知识运用。书中在解析光环境设计专业知识的同时，搭配丰富多元的漫画与空间实景图，为读者提供了关于照明设计的更多想象空间。

本书适合高等院校环境艺术设计及相关专业教学使用，也可供从事相关专业的设计人员参考。

随书附赠资源，请访问https://cip.com.cn/Service/Download下载。在如右图所示位置，输入“41714”点击“搜索资源”即可进入下载页面。

图书在版编目（CIP）数据

设计必修课 ：室内光环境设计 / 高蕾，王恒编著. --北京：化学工业出版社，2022.9
ISBN 978-7-122-41714-5

Ⅰ. ①设… Ⅱ. ①高… ②王… Ⅲ. ①室内照明-照明设计 Ⅳ. ①TU113.6

中国版本图书馆CIP数据核字（2022）第107695号

责任编辑：王　斌　吕梦瑶　　责任校对：刘曦阳
装帧设计：李子姮

出版发行：化学工业出版社（北京市东城区青年湖南街13号　邮政编码100011）
印　　装：北京宝隆世纪印刷有限公司
710mm×1000mm　1/16　印张14½　字数379千字　2022年9月北京第1版第1次印刷

购书咨询：010-64518888　　售后服务：010-64518899
网　　址：http://www.cip.com.cn
凡购买本书，如有缺损质量问题，本社销售中心负责调换。

定　　价：88.00元

前言

光环境设计是室内空间设计效果直接的表现因素，并且直接影响到室内的色彩、造型，以及空间效果的实现，也就是说室内环境的质量与采光和照明的形式有着不可分割的关系。如今，室内照明设计已经跨越将空间照亮这一基本的功能需求，进而发展到空间多层次、多情感诉求，以及增强空间沉浸式体验的艺术创作之中。因此，如何为室内打造适宜的光环境，是一个不容忽视的议题，也成为越来越多业内人士关注的方向。

本书从室内光环境的知识体系入手，帮助读者理解色温、照度、亮度等基本的光学语言，并由浅入深地讲解了光源、灯具、自然采光、人工照明的相关知识。此外，书中介绍了大量室内光环境的布光演绎手法，从实践的角度出发，为读者提供有迹可循的光环境营造方案。另外，书中将住宅空间以及商业空间中的照明标准、原则、方法等进行了总结，再通过国内外经典案例分析，展现出光环境的艺术特性，强调了照明艺术设计的重要性和必要性。

目录

第一章 室内光环境的知识体系

人们从环境中获取的信息大部分都要通过视觉系统，而视觉的有效性则是以光环境为基础。对于室内空间而言，光环境的营造除了依托自然光之外，更重要的部分是人工照明系统，它可以使空间的形态、质感、色彩充满变化而且富有“表情”。所谓的室内光环境知识体系，主要是以人工照明系统为核心展开，包括照明设计的内涵、设计的基本依据、需求满足原则，以及整体性原则等。也就是说，通过对室内光环境知识体系的系统学习之后，不仅可以解决空间的照度等功能性问题，同时还能塑造出充满艺术性和感染力的光效。

扫码下载本章课件

一、室内光环境设计的概念与理论

学习目标	了解光环境设计的基本概念，光环境设计与人的关系，以及光环境设计的方向。
学习重点	认识并掌握室内光环境设计的基本要素以及核心要求。

1 光环境设计的基本概念

光环境设计，也被称为照明设计，是指人们通过对自然光和人工照明进行科学的管理和规划，创造出满足人类物质和精神需求的光环境，用以改善人类的生存环境、提高人类的生活质量。

事实上，光环境设计的基础理论来自众多学科，其中包括环境学、社会学、经济学、美学、心理学、机械学和人体工程学等，其研究方法包括定量研究和定性研究。所谓定量研究是指对各种光源特性的研究，而定性研究则是指关于光对人的心理影响的研究。简而言之，光环境设计包含光（照明）的物理属性以及对人的心理影响两部分。也就是说，室内光环境设计不仅要创造良好的可见度，也要营造出舒适愉快的居室氛围。

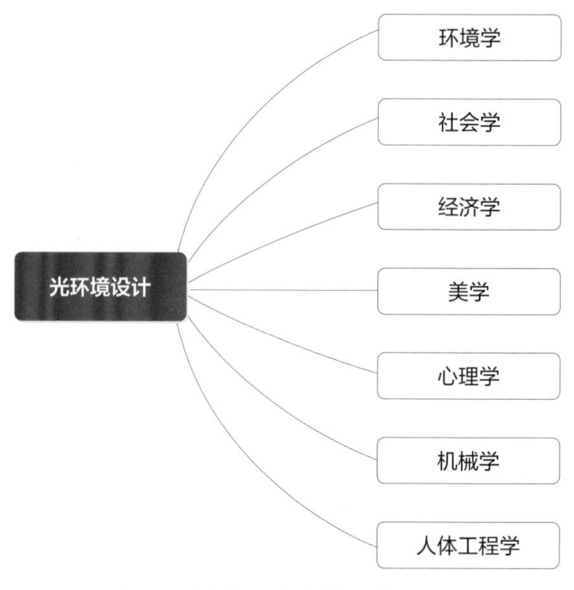

光环境设计基础理论来源

2 以人为本的照明理念

在人类发明人工光源以前，室内空间主要借助自然光来获得照明，因此如何将自然光尽可能多地引入室内，成为当时设计师的一项重要设计任务。纵观中外建筑可以发现，中式古建筑中由原木雕花制作的墙面，在 1200mm 以上全部由窗户组成；而欧式古建筑中则设计有天窗等，这些设计都是借助窗户将自然光引入室内，起到照明、提亮的作用。

巴黎圣母院

↑ *巴黎圣母院里用来增加建筑室内采光的巨大彩绘玻璃窗，装饰效果也很好*

在人类发明人工光源之后，室内空间不再受制于采光问题，设计师沉浸于借助人工光源创造光环境的喜悦中，但物极必反，人工光源的运用越广泛、越精细，对城市造成的光污染也就越严重。过强、过亮的光源会对人的生理和心理产生不良影响，这是学习光环境之前需要格外注意的要点。

（1）光对人体生理的影响

人体是通过各种感受器官来接受外界信息的，而感受器官由视觉、听觉、嗅觉、味觉和触觉五大基本感知系统构成。据相关研究结果显示，人类 80% 以上的外界信息都是通过视觉系统获得的，由此可知视觉系统的重要性。视觉系统将信息传递到大脑，需要借助外界环境中的光照、色彩和形态等一切可视信息的刺激，而将色彩、形态以可视化形态呈现的最关键因素便是光，这里的光包括自然光和人工光。

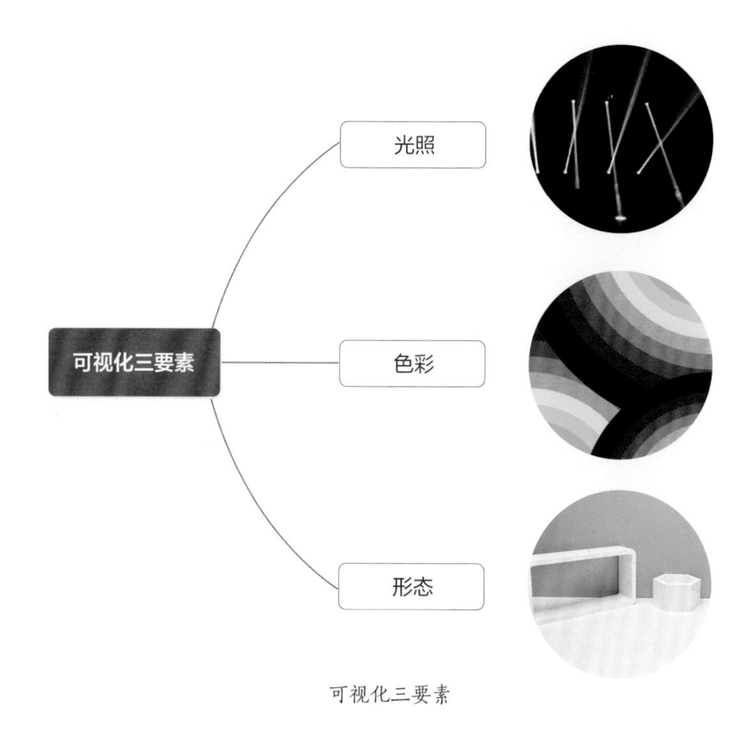

可视化三要素

由此可知，眼睛作为接受和感知光信息的唯一感受器官，不同强度的光会对其产生不同程度的影响。例如，当光线过亮或明暗对比过强时，超出了人眼的适应范围，就会造成眩晕感和恶心感，在严重时甚至会引起暂时性失明；当光源频繁闪烁，随时间呈现快速、重复的频闪时，人的视觉系统会受到刺激，引起不适。若长期生活在频闪的光源下，会导致眼球疲劳、酸痛，甚至会损伤视觉神经。因此，科学地制定光环境设计方案是不容忽视的，只有了解人对光的生理反应才能从根源上避免光源泛滥以及光污染。

（2）光照引起的心理感受

我们都有过这样的经验，当我们沐浴在直射的阳光下，会感觉到情绪高涨、心情愉快；而当我们处在黑暗的夜空下，会产生低落的情绪，心情莫名的压抑。光的明暗强弱的确会对人的心理产生影响，但不同的亮度对情绪的影响不同，不同的人对亮度的感受也不同，因此光照亮好还是暗好，不能一概而论，需要根据具体的个人来制定合理的方案。

心理学研究通过在临床治疗领域的实验，研究出了一种通过光治疗人类心理疾病的方法，这种光疗法还可以治疗由于时差混乱而引起的身体节奏失常类疾病。这也是光环境设计师需要研究的一大课题，即如何在室内营造出舒缓身心的光照设计。

3 室内光环境设计的两个方向

随着人们对住宅品质的追求越来越精致，室内光环境设计除了注重功能性照明之外，也开始注重照明的装饰性。例如，欧式风格墙面上的壁灯或者照射在装饰画上的带有光斑效果的射灯，这类照明就是典型的装饰性照明。

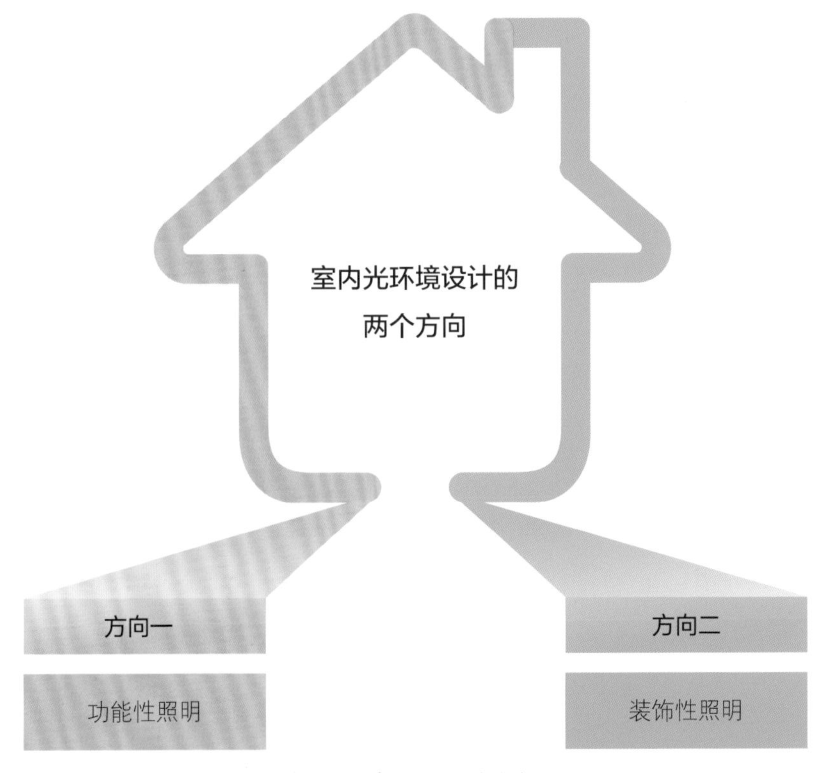

室内光环境设计的两个方向

（1）功能性照明

其目的是满足不同使用场景、不同活动或不同场所的基本光照条件，帮助人们在具有良好可见度的室内环境中工作和生活。因此，照明设计方案不得违背人的生理功能需求，对自然光和人工照明的利用及控制，应达到国家的照明技术标准。

（2）装饰性照明

其目的是满足人们对空间审美和精神愉悦的需求，借助光这种媒介，通过光影变化、光色渲染等手法营造出具有特殊艺术效果的环境。在室内光环境设计过程中，功能性照明和装饰性照明实际上是分不开的，两者具有互补性，有主次的区分，通常以功能性照明为主，再辅助搭配装饰性照明，营造出既能满足光照条件，又能渲染空间氛围的光环境设计。

餐桌上方的组合吊灯是典型的功能性照明，为桌面提供充足的亮度

照射在墙面的光斑以及吊顶中的暗藏灯带属于典型的装饰性照明，为空间提供光影变化，提升设计氛围

4 室内光的传播形式

光的总体传播定律大致为：光在透明的物体中只能沿直线传播，但当光照射在其他不同的物质，如纸张、玻璃等材质上就会产生反射、折射、透射、吸收等不同的传播现象。

（1）光的传播途径

由光源发出，经过空气介质，直接进入人眼

由光源发出后在空气介质中传播的过程里又遇到其他介质（可能是透光介质，也可能是不透光介质），从而发生了透射、折射和反射等过程，才进入人眼

给人眼传递的主要是光源发光的一些特征，如光色、亮度等

透射、折射和反射可能会有多次，如自然光进入·室内先通过门窗玻璃的透射，然后是室内墙面、家具和装饰物的多次反射、漫射，才能进入人眼。这种情况容易形成室内光环境系统里的光氛围

光的传播途径

（2）光的不同现象

反射现象： 光的反射现象可分为镜面反射和漫射。其中，镜面反射指当光到达物体表面时，光线的入射角和反射角相同。镜面反射容易制造出耀眼的光效，如果控制不好，会产生反射眩光，给人带来不愉快的视觉体验。漫射则是指当光到达物体表面时，光线的入射角与反射角不同，其反射的光线没有方向性，效果比较柔和。漫射效果的强弱，主要由物体表面颗粒的粗糙程度决定。

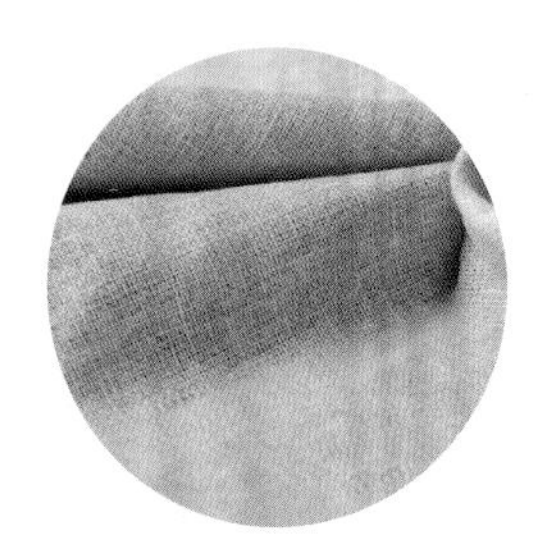

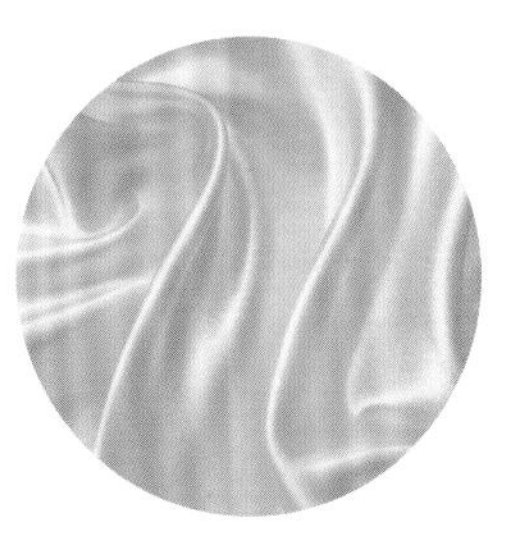

↑ *质感粗糙的麻布和质感光滑的丝绸，产生的漫射效果明显不同*

折射现象： 当光从一种介质入射到另一种介质中时，例如光从空气射入玻璃或穿过玻璃进入空气时，光线的折射角度被改变，其偏离的程度与两种介质的折射率有关。

↑ *水晶吊灯的设计即是利用光的折射现象，多个不同切面的水晶体可以将光线分解成七色光，使空间中出现绚丽、耀眼的光效*

透射现象： 光线穿过某类介质后继续辐射，为透射现象。当光线的一部分被介质吸收后，光线的亮度会有所衰减，其中介质的透光率也决定了光线透射的数量。另外，根据介质的构成和透光率的大小，透射出的光线可分为直线透射和漫透射。直线透射指光线经介质透射后，光线方向没有发生变化。而漫透射是指光线经介质透射后，光线向各个不同方向散去。

↑ *透明玻璃和磨砂玻璃这两种不同透光率的材质，对室内光环境的影响截然不同。其中，磨砂玻璃会使室内环境的亮度明显降低，但是光线更柔和*

吸收现象：当光经过介质时，一部分被反射，一部分透射，另一部分被介质吸收。通常颜色深的表面比颜色浅的表面会吸收更多的光。

→ *形态相同的两把单人座椅处于同样的光照条件下，浅色的比深色的显得体态更大，更容易吸引视线*

思考与巩固

1. 光对人体生理及心理的影响有哪些？
2. 室内光的传播形式及现象包括哪些方面？

二、室内光的七大物理属性

学习目标	了解光的七个物理属性及其特点。
学习重点	1. 认识及掌握色温、照度、光通量、亮度之间的关系。 2. 认识及掌握控制直接眩光产生的方法。

光的物理属性，也就是光在物理学领域的基本概念，由以下七个方面反映出来，分别是色温、照度、亮度、显色性、眩光、阴影和稳定性，这些方面与照明质量有着密切的联系。因此，想要取得舒适、理想的光环境，就需要正确地认识并处理好这些关于光的要素。

光的物理属性

1 色温：定义光源颜色的物理量

（1）色温与光色的关系

色温与光色有着密切的联系，想要认识色温需要先了解光色的含义。所谓光色，是指光的颜色。世界上的各类物体，对不同的光波有不同的吸收或反射能力。如果一个物体能反射红色光波，而吸收其他光波，这个物体即呈红色；如果一个物体能吸收所有光波，这个物体就是黑色。

人类肉眼所能观测到的颜色，实际上是光波的波长，波长有长有短。当波长大于700nm 的时候，有红外线、连续波、电流等；当波长小于 400nm 的时候，有紫外线、X射线等。这些统称为不可视光线，也就是人眼在未采用仪器的情况下无法直接观察到的光线。人的肉眼能看到的可视光谱是各种不同光波的色彩，也就是 780~380nm 的光波。

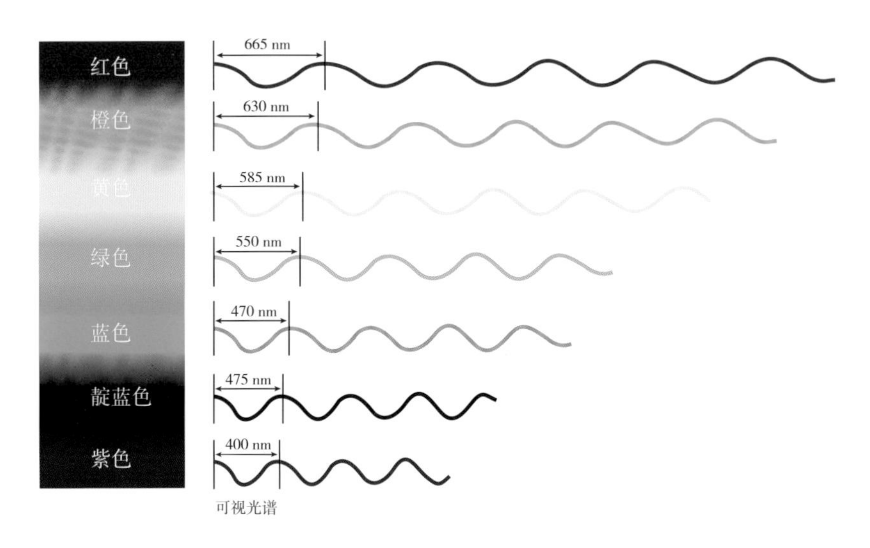

光波的波长区间

颜色	波长 / nm
红色	780~610
橙色	610~590
黄色	590~570
绿色	570~500
蓝色	450~435
靛蓝色	500~450
紫色	450~380

（2）认识色温

物理学家曾做过一个实验，当一个黑色物体从绝对零度（－273℃）开始加温后，黑体的颜色会从深红色逐渐变为浅红色→橙黄色→白色→蓝白色→蓝色。通过这一光色变化的特性，物理学家提出当某一光源的光色与黑体的光色相同时，此时黑体的热力学温度就称为该光源的色温。也就是说，色温是由光色细化而来的。事实上，一个物体要吸收或反射全部光波是不可能的，而光色却是由物体所含光波的波长决定的。光色给人的感觉，很大程度取决于光源的色温。色温的单位为开尔文，常用“K”表示。

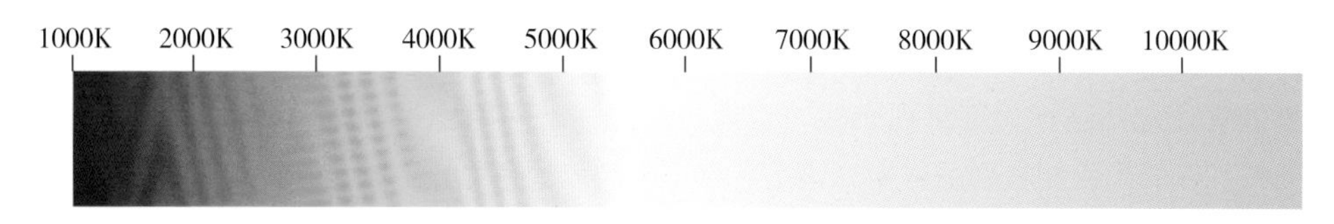

色温表示图

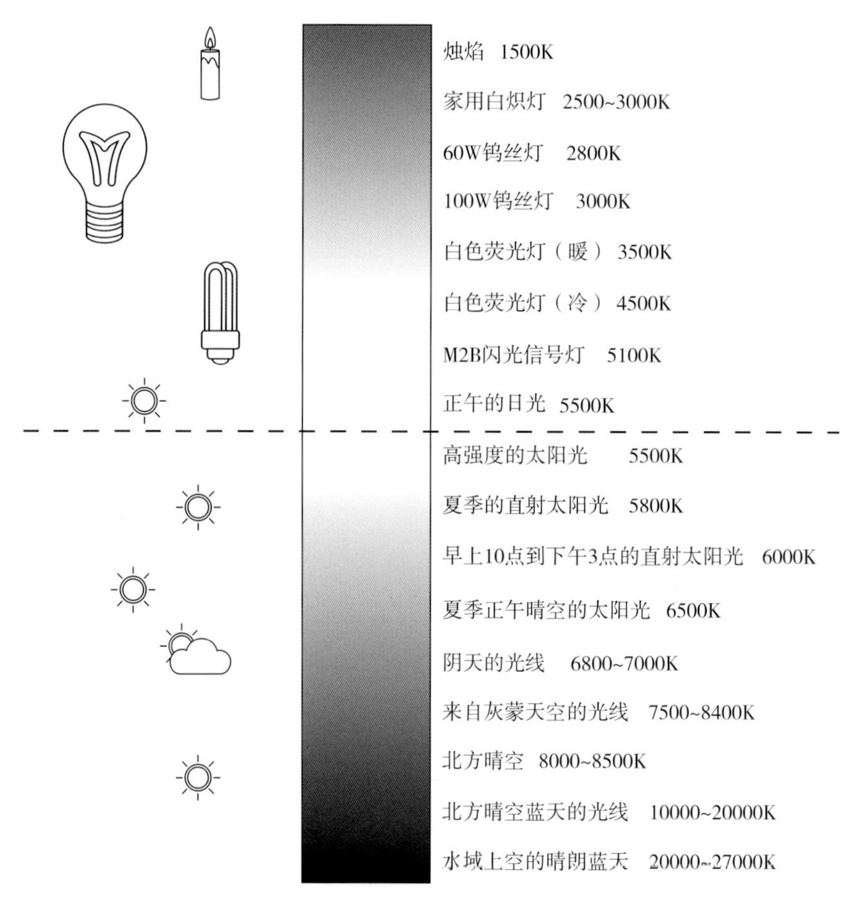

部分光源的色温值

2 照度：受光面上光的密度

（1）照度与光通量的关系

理解照度的含义之前，需要先了解光通量的概念。光通量是指根据辐射对标准光度观察者的作用导出的光度量，符号为 Φ，单位是 lm（流明）。光通量可以从光源的产品目录中得到，它的量值取决于灯具使用的光源。

照度又称为光照强度，可以理解为受光面上每平方米照射光的光通量，也可以理解为受光面上光的密度，光源的光通量越多表示它发出的光越多。其符号常用 E_v 表示，单位是勒克斯，写作 lx。1 lm 的光均匀照射到 $1m^2$ 的平面上，照度即为 1 lx。

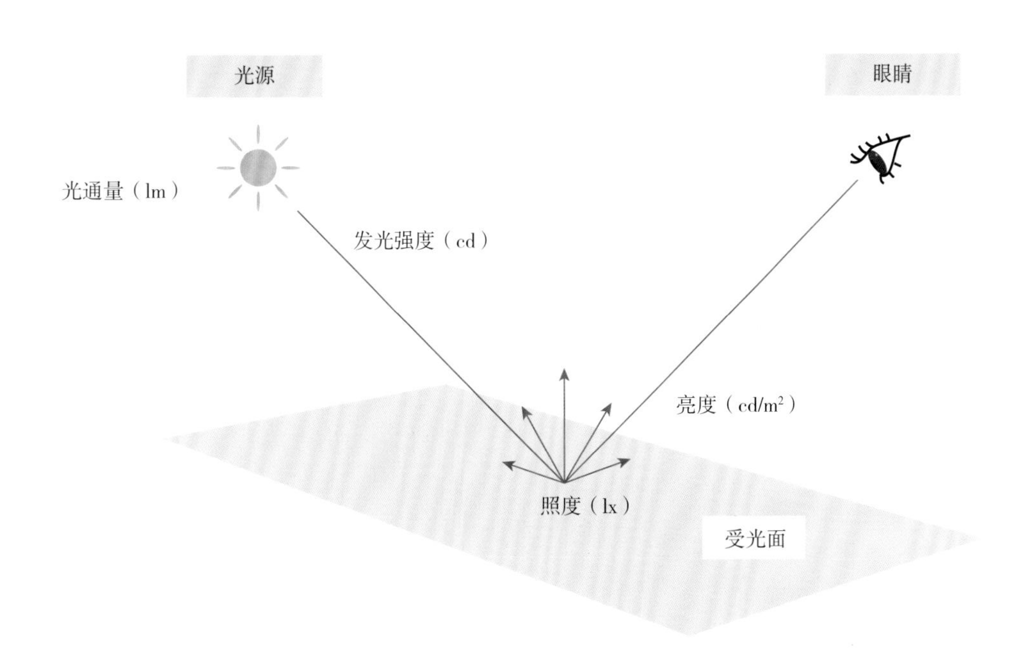

光通量、照度和亮度的关系

（2）认识照度

照度作为一个间接指标，能决定被照物的明亮程度，合适的照度能够保护人们的视力，并且还能提高工作效率。为了保证视觉基本要求的合理照度需要，设计师在做照明设计时，需要考虑被观察物的尺寸，以及考虑被观察物同其背景的亮度对比程度。

国际照明协会（CIE）推荐的照度范围

照度氛围 / lx	作业和活动的类型
20~30~50 50~70~100	室外入口区域、交通区，简单地辨别方位或做短暂停留
100~150~200	非连续工作用的房间，如工业生产监视场合、衣帽间、玄关、门厅等
200~300~500	有简单视觉要求的作业场所，如粗糙的加工空间等
300~500~750	有中等视觉要求的作业场所，如办公室、控制室等
500~750~1000	有一定视觉要求的作业，如实验、绘图等
750~1000~1500	连续时间长且有精细视觉要求的作业，如精密加工和需要辨别颜色的工作等
1000~1500~2000	有特殊视觉要求的作业，如手工雕刻、较精细的工作检验等
>2000	完成很严格的视觉作业，如微电子装配、外科手术等

注：表中数值为参考面上的平均照度。

同时，了解照度比的应用也比较重要。照度比是指空间中重点照明和基础照明的比值，其比值越大，明暗越强烈，空间氛围相对来说显得更加高档；反之，空间的照度若比较均匀，空间呈现出的氛围也就更加普通化、平民化。

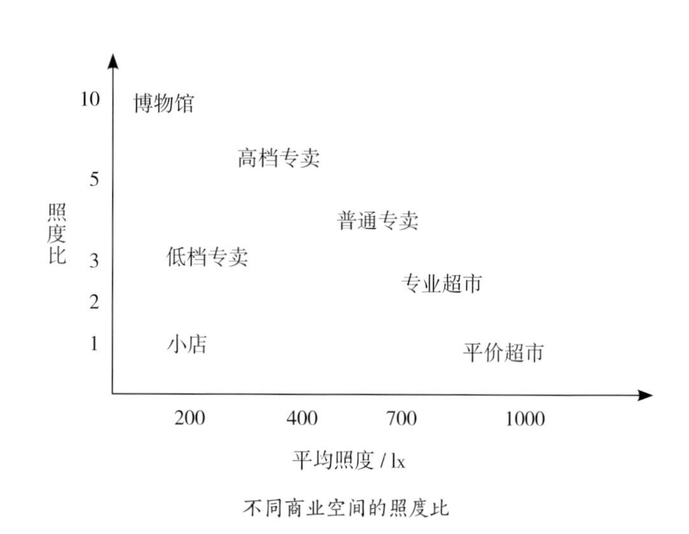

不同商业空间的照度比

另外，由于室内各表面的装修及设备的反射系数对照明效果影响较大，并且照度的分配也要与各表面相配合，因此了解室内表面的反射系数与照度比也十分必要。例如，空间顶面的反射系数为 0.6~0.8，照度相对值为 0.3~0.9；墙面和隔断的反射系数为 0.3~0.8，照度相对值为 0.4~0.8；地面的反射系数为 0.2~0.4，照度相对值为 0.7~1.0。

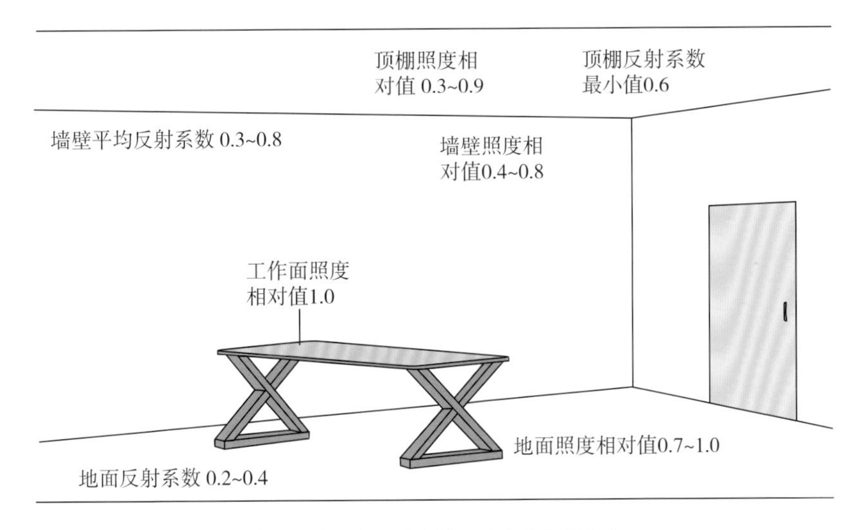

室内照度分布和室内界面反射系数推荐值

（3）照度与色温应相适应

照度与光源的色温之间应保持适应的状态，否则会带来负面的感觉。例如，高照度搭配高色温的光源时，空间会给人凉爽、活泼、振奋的感受；低照度搭配高色温的光源时，空间就会显得阴晦、郁闷。另外，低照度搭配低色温的光源时，空间会给人宁静、亲切、温柔的气氛；高照度搭配低色温的光源时，空间就会呈现出令人闷热、慌乱的状态。

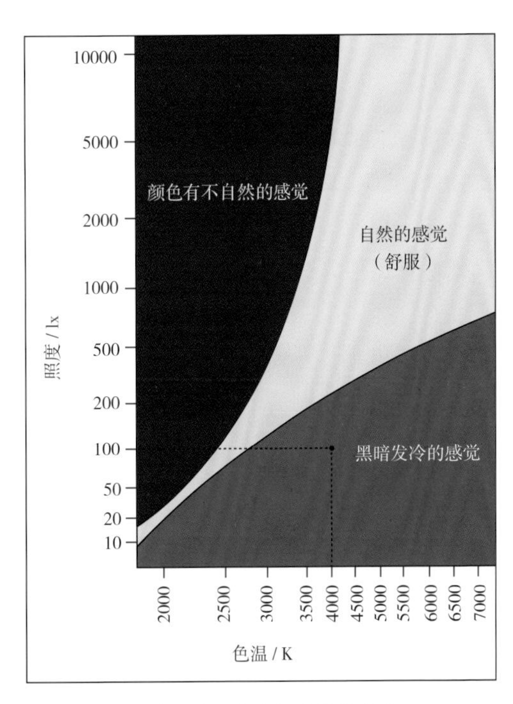

照度、色温与空间感觉的关系

3 亮度：视觉上明亮程度的直观感受

（1）亮度与发光强度及发光效率的关系

在理解亮度的概念前，需要了解发光强度和发光效率的含义。其中，发光强度在光度学中简称光强或光度，表示光源在一定方向和范围内发出的人眼能够感知到光线强弱的物理量，是指光源向某一方向在单位立体角内所发出的光通量，符号为 I_v，单位为坎德拉，写作 cd。

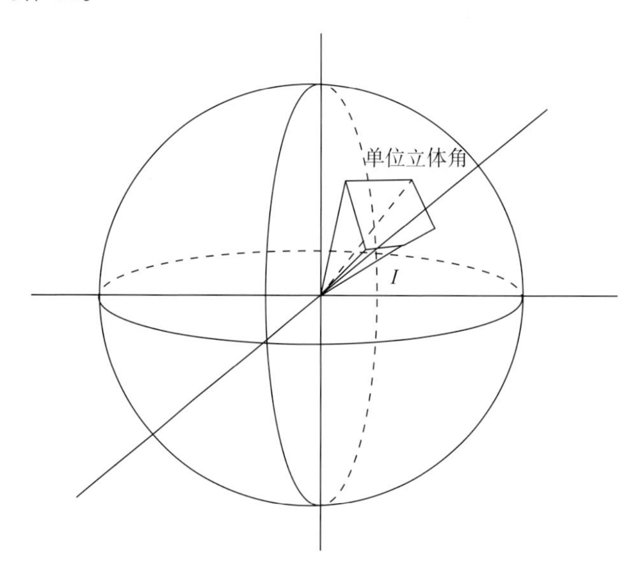

发光效能是一个光源的参数，它是光通量与功率的比值，指光源每消耗 1 瓦电所输出的光通量。其单位是流明 / 瓦，写作 lm / W。发光效能越高代表其电能转换成光的效率越高，即发出相同光通量所消耗的电能越少，所以选用真正节能的灯泡时，应该以发光效能数值作为判断依据。

（2）认识亮度

亮度是指发光体在视线方向单位投射面积上的发光强度，是在视觉上对明亮程度的直观感受，与照度的概念不同，作为一种主观的评价，人们可以通过肉眼来感觉亮度的多少。亮度以符号 L 表示，单位为 cd / m^2（坎德拉每平方米）。

亮度实际上表示的是被照面在单位面积内所反射出的光通量，与被照面材料的反射率有关。例如，假定在同一光源下并排放置一个黑色物体和一个白色物体，此时它们的照度是相同的。但由于白色物体的反光效果比较好，因此白色物体反射出来的光通量密度要大于黑色物体，也就是说白色物体的发光强度高于黑色物体，因此白色物体会显得比黑色物体更亮一些。

不同发光体亮度的近似值

发光体	亮度 / (cd/m^2)
全阴天气	2×10^3
全晴天气	8×10^3
荧光灯管	8.2×10^3
白炽灯磨砂灯泡	2×10^4
白炽灯丝	2×10^6

(3)亮度在室内空间中的合理运用

室内光环境中，由于人的视线不是固定的，如室内亮度分布变化过大，眼睛就会经历一个被迫适应的过程，尤其是适应过程次数过多，会引起视觉器官的疲劳和不快感。因此，在进行光环境设计的过程中，应注意保证适宜的亮度分布。

例如，相近环境的亮度应当尽可能低于被观察物的亮度，当被观察物的亮度为背景环境亮度的 3 倍时，视觉清晰度较好，即相近环境与被观察物本身的反射系数最好控制在 0.3~0.5 的范围内。

反射系数越高，即被观察物亮度越高时，其清晰度越高，但高亮度的物体会让人产生不适感，为提高人眼的舒适度，可以将背景亮度提高，但也要避免因背景亮度过高而降低了被照物的清晰度，从而产生眩光。因此，在光环境设计中，要充分考虑环境中各界面及物体的色彩及材质特性，有针对性地组织灯光，以调节总体照明的效果。

亮度对比的最大值

对比范围	办公室	车间
工作对象与其相邻区域（如书或机器与其周围）	3 : 1	3 : 1
工作对象与其较远区域（如书与地面、机器与墙面之间）	5 : 1	10 : 1
灯具或窗与其附近区域	—	20 : 1
在视野中的任何位置	—	40 : 1

4 显色性：描述光源呈现真实物体颜色的量值

显色性是一种描述光源呈现真实物体颜色能力的量值，常用符号 R_a 表示。由于人类长期生活在自然光下，这种习惯造成目前对于显色性的测定是以日光的光谱程度和能量为基准来分辨颜色，最低为 0，最高为 100。同一物体，测定数值越大，显色性越好；反之显色性越差。

备注 通常灯泡外包装上可见显色性指数值的标示，一般平均显色指数达到 80，基本上都算是显色性佳的光源。显色指数小于 80 的灯泡不得用于人们长时期工作或停留的室内，高跨间照明（安装高度超过 6m 的工业下照灯）和室外照明可以例外。

R_a100

R_a70

R_a50

住宅空间显色性对比

5 眩光：引起视觉不适和降低物体可见度的现象

（1）认识眩光

眩光是指由于亮度分布或亮度变化相差太大，造成的视觉不适或视力下降的现象。在人的视野中出现远高于背景亮度的发光体，会令我们的眼睛感到不舒服，同时降低对物体的观察力。决定眩光出现的有两个要素，一个是发光体的亮度，另一个是背景的亮度，只有这两者亮度差别过大时，才会产生眩光。

落地灯产生的眩光情况

无眩光的筒灯

(2) 眩光的分类

眩光

直接眩光

由光源发出、经过空气介质，直接进入人眼

反射眩光

指光源通过光泽物体的表面，特别是抛光金属，反射后进入人眼引起的眩光

一类是由于观察对象区域所引起的一部分反射，例如，在阅读时，由于纸张存在微弱的镜面反射，如同在书上蒙上一层“光幕”，称为光幕反射

另一类是视看工作区附近光泽物体表面所产生的反射眩光

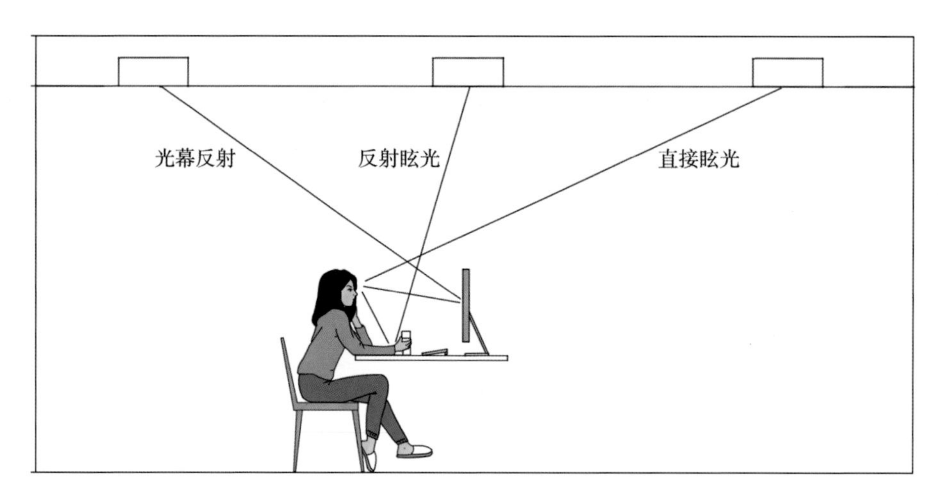

不同的眩光

（3）控制直接眩光产生的方法

产生直接眩光的原因与光源的亮度、背景亮度、灯具的悬挂高度及灯具的保护角有关。控制直接眩光产生的方法如下。

控制光源角度：限制直接眩光主要是控制光源 γ 角在 45°~90° 范围内的亮度。

限制光源的亮度或降低灯具的表面亮度：光源可采用磨砂玻璃或乳白玻璃的灯泡，也可以采用透光的漫射材料将灯泡遮蔽，并对最小高度角 $90°-\beta$ 靠上部分加以严格限制。

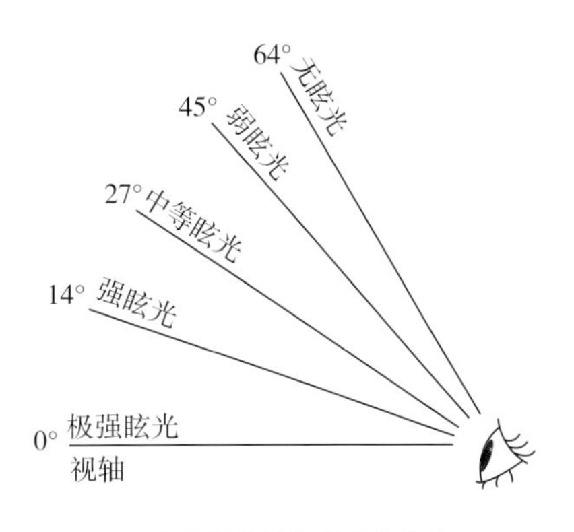

眩光的强弱与视角的关系

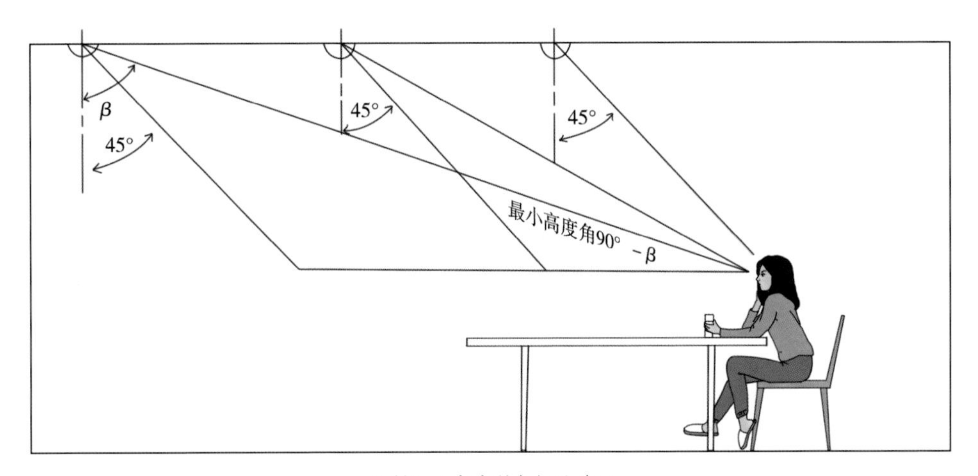

限制灯具亮度所包括的范围

选用遮光角合理的灯具：遮光角又叫“保护角”，是为防止高亮度光源的直接眩光而采取的量，即通过光源中心的水平线与刚好看不见灯具内发光体的视线间的夹角。一般室内照明要求至少为 10° ~15° 的遮光角，才能防止高亮度的光源造成直接眩光；照明质量要求高的时候，遮光角应为 30° ~45°，其中 45° 被认为是最舒适的灯具设计角度。

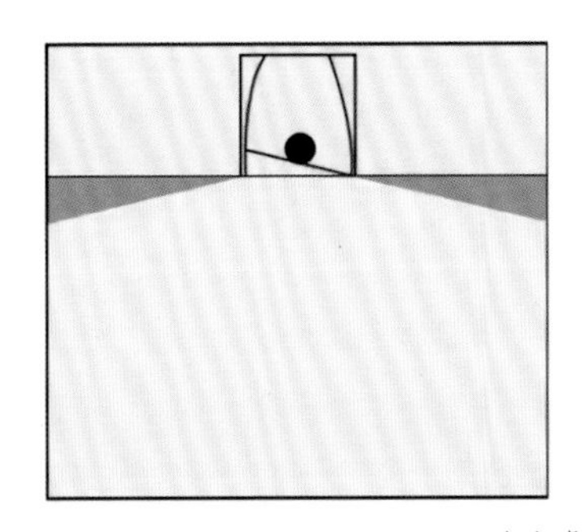

遮光角示意

调整灯具的悬挂高度：合理布置灯具位置和选择最佳的灯具悬挂高度。灯具的悬挂高度增加，眩光作用就会相应减小。

室内一般照明灯具最低悬挂高度

光源种类	照明器型式	照明遮光角	光源功率 / W	最低悬挂高度 / m
荧光灯	无反射罩	—	≤ 40 > 40	2.0 3.0
	有反射罩	—	≤ 40 > 40	2.0 2.0
荧光高压汞灯	有反射罩	10° ~30°	<125 125~250 ≥ 400	3.5 5.0 6.0
	有反射罩带格栅	>30°	<125 125~250 ≥ 400	3.0 4.0 5.0
金属卤化物灯 / 高压钠灯	有反射罩	10° ~30°	<150 150~250 250~400 > 400	4.5 5.5 6.5 7.5
	有反射罩带格栅	> 30°	<150 150~250 250~400 > 400	4.0 4.5 5.5 6.5

注：表中规定的照明最低悬挂高度在以下情况下可降低 0.5m，但不低于 2m：① 一般照明的照度小于 30 lx；② 房间长度不超过照明器悬挂高度的 2 倍；③ 人员短暂停留的房间。

（4）控制反射眩光产生的方法

产生反射眩光的原因主要是由于室内环境亮度对比过大，以及光源通过光泽表面反射造成。想要控制反射眩光的产生可以通过适当提高环境亮度，减小亮度对比，以及采用无光泽的材料来加以解决。

6 阴影：照明环境中的双刃剑

在视觉环境中会由于光源的位置不当造成不合适的投光方向，从而形成光照阴影。这种阴影的产生，会造成错觉现象，增加视觉负担，影响工作效率，在通常的照明设计中应予避免，特别是医院手术室的照明中绝对不允许有阴影出现。

这里所说的解决阴影是指在一般的明视照明中的阴影。在一般情况下，可以采用扩散性灯具，或在布灯时通过改变光源的位置、增加光源的数量等措施来加以消除。

但是对于装饰照明，比如娱乐场所、商店、艺术室、展览馆，则需要不同程度的造型立体感，形成光影变幻的丰富气氛，可以在照明设计时考虑做适当的阴影。例如，可以通过巧妙的照明设计，使光影效果表现在吊顶、墙面、地面，以及各种陈设物上，产生一种令人神往的艺术效果。

↑ *吊顶射灯产生的光影变化十分富有层次，让空间产生一种变化莫测的视觉感*

7 稳定性：影响照明质量的元素

照度的稳定性同样会影响照明质量。造成照明不稳定的原因为：光源光通量的变化。光源光通量的变化导致工作环境中的亮度发生变化，从而在视野内使人被迫产生视力跟随适应，如果这种跟随适应次数增多，将使视力降低。另外，如果在光照环境中照度在短时间内迅速发生变化，会分散工作人员的注意力。

解决照度稳定性的方法为控制灯的端电压不低于额定电压的一定数值。例如，白炽灯和卤钨灯为97.5%，气体放电灯为95%。若达不到数值要求，则可以将照明供电电源与有冲击负荷的供电线路分开，也可考虑采取稳压措施。

此外，还要注意消除频闪效应。在交流电路中，气体放电光源（如荧光灯）发出的光通量随着电压变化而波动，因而用荧光灯照明来观察物体转动状态时，会产生失真现象，容易使人产生错觉，甚至引发事故。因此，气体放电光源不能用于物体高速转动或快速移动的场所。消除频闪效应的办法是采用三相电源分相供给三灯管的荧光灯。对单相供电的双管荧光灯可采用移相法供电的方式。

思考与巩固

1. 色温产生的原因是什么？和照度之间存在怎样的联系？
2. 亮度在室内空间中应如何合理运用？
3. 眩光和阴影产生的原因是什么？应如何控制？

三、自然采光

学习目标	认识自然光，了解其优点。
学习重点	了解并掌握自然光的采光形式及调节技术。

1 认识自然光

自然光来源于太阳、月亮以及星辰，但由于月亮和星辰出现在夜晚，亮度较低，在实际生产生活中，一般只适合渲染气氛。因此，光环境设计中的自然光一般指代日光。

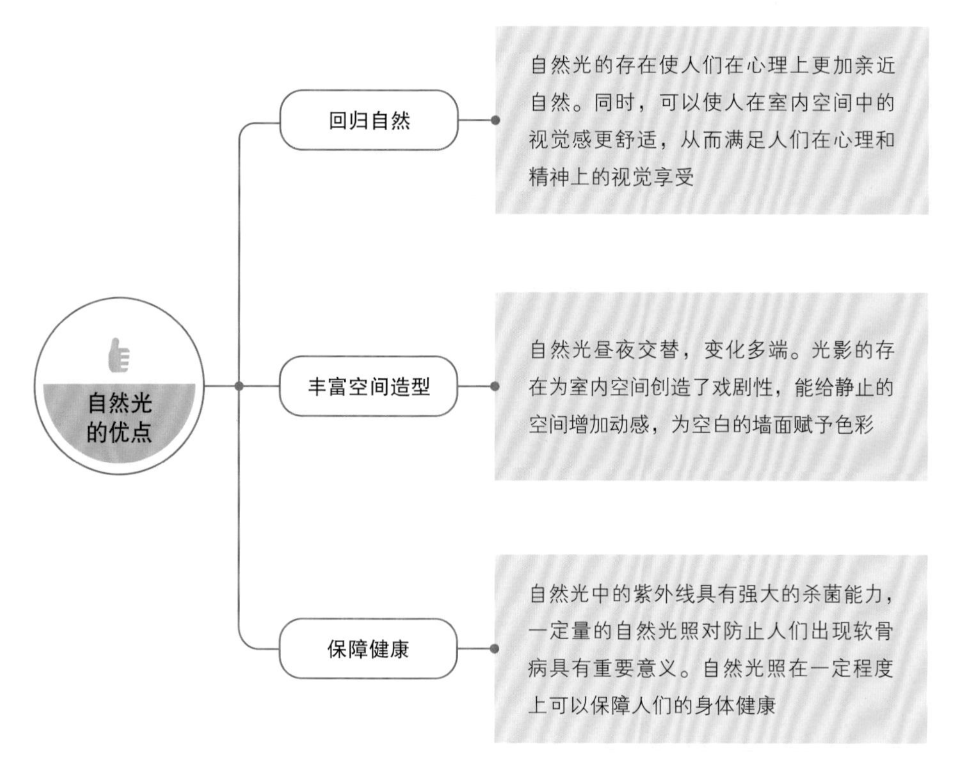

自然光的优点

➔ 自然光产生的光影变化为空间增添了动感，令空间环境充满戏剧性

2 室内空间的采光质量分析

室内空间采光质量的优劣直接影响着通风、温度、日照以及湿度等条件，优质的室内采光可以使人的居住达到一个舒服的状态。室内空间的采光质量取决于时间因素、朝向因素、窗户特点以及遮阳方式等。

（1）时间因素对采光质量的影响

太阳光在强度和方向上从清晨到傍晚随季节更替而变化，没有一个固定数值。此变化的数值与采光系数相关。采光系数是指从室内参考平面上选取一点，取样天空自然光漫射光照度，与同一时段室外无遮挡水平面上产生的天空自然光漫射光照度之比，常用百分数表示。

各采光等级参考平面上的采光标准值

采光等级	侧面采光		顶部采光	
	采光系数标准值 / %	室内天然光照度标准值 / lx	采光系数标准值 / %	室内天然光照度标准值 / lx
Ⅰ	5	750	5	750
Ⅱ	4	600	3	450

续表

采光等级	侧面采光		顶部采光	
	采光系数标准值 / %	室内天然光照度标准值 / lx	采光系数标准值 / %	室内天然光照度标准值 / lx
Ⅲ	3	450	2	300
Ⅳ	2	300	1	150
Ⅴ	1	150	0.5	75

不同建筑空间的采光系数标准

采光等级	侧面采光系数	自然光照度
住宅空间的起居室、卧室	≥ 2%	≥ 300 lx
教育建筑中的普通教室	≥ 3%	≥ 450 lx
医疗建筑中的病房	≥ 2%	≥ 300 lx
办公室、会议室	≥ 3%	≥ 450 lx

备注 要精确地计算室内的太阳光亮度，对于设计师而言，最好的方法是制作房间的缩尺模型，然后将其放在实际场地中，实测内部的采光系数值。

（2）朝向因素对采光质量的影响

分析室内空间的采光质量时应评估所在地域在该季节里太阳移动的轨迹，保证有足够光线进入室内的同时，也要考虑眩光问题。

不同朝向室内空间防止眩光的设计策略

空间朝向	解决方法
东南朝向的房间	由于直射光射入较多，容易产生眩光，要设置一些反光板以避免光线直接进入人眼
西北朝向的房间	由于午后直射的阳光较多，入射角度比较低，窗户上的百叶板尽量选择垂直的
南面与北面的房间	应安装不同大小的窗户，以适应人们对不同热量的需要

（3）窗户对采光质量的影响

窗户面积大小：窗户面积的大小是影响室内空间采光质量高低的重要设计依据。如今，设计师可以利用模型尺寸和仪器测算出室内空间所需要的亮度，再通过计算机模拟一个房间，测算出适合这个空间的窗户尺寸，以及看到空间中不同位置的窗户对室内照度的影响。

开窗位置：即便是同样面积的窗户，开在室内的不同高度和方位，也会对室内采光的均匀度产生非常大的影响。因此，在设计之初设计师就应对空间进行比较、分析，选择适合的窗户设计方案。

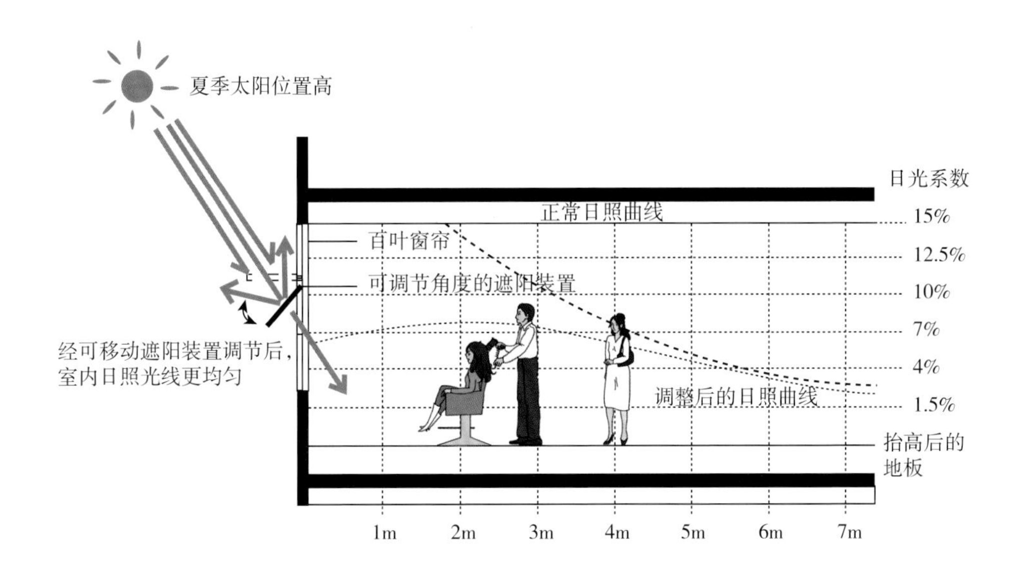

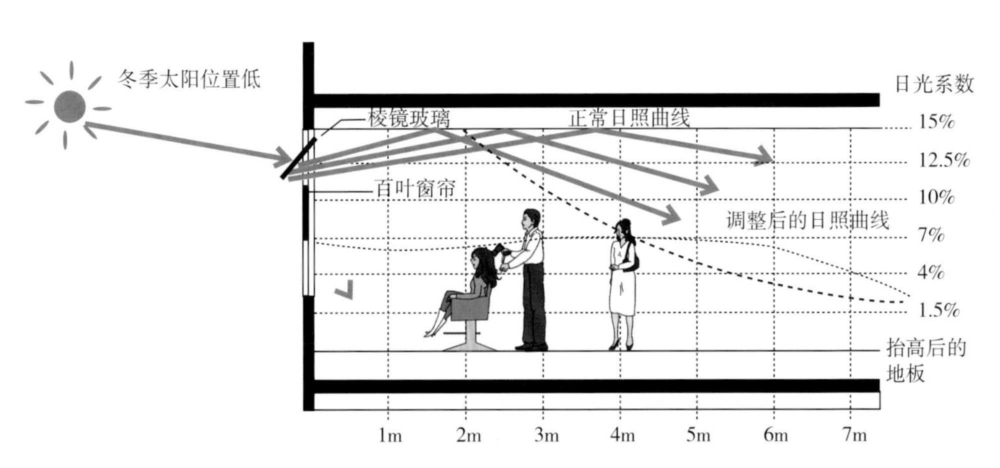

↑ *通过上面的两幅示意图，可以看到即便是同样的空间，因窗户的高度不同，室内光线的分布状态也会截然不同*

窗户玻璃材质：除了窗户的面积大小和开窗位置，窗户玻璃的材质也是影响室内采光的因素。

常见窗户玻璃材质的特点分析

空间朝向	解决方法
透明玻璃	◎最常见的窗户玻璃，优点是透光性好 ◎缺点是不能有效减少室外热量进入室内
吸热玻璃	◎原理是吸收阳光中的短波辐射，从而减少进入室内的热量 ◎当傍晚室外温度下降时，会把吸收的热量重新反射回室内空间
反光玻璃	◎可以有效阻挡长波（光线）和短波（热量）进入室内 ◎这种玻璃消除了多余热量，但也失去了高质量的自然光 ◎仅适用于不希望有额外热量进入室内，又不能安装室外遮阳装置的窗户
低辐射玻璃	◎在玻璃中夹着一层薄膜，以保证光线的透射比高于热量的透射比 ◎可以将室内的热量反射回去，同时减少热量散发，外观近似于透明玻璃 ◎常用于一些需要充分利用采光又要防止室内过热的地点，如医院、办公楼、工厂等公共建筑
智能化窗户	◎将高质量的透明玻璃或低辐射玻璃，按照双层或三层的形式结合在一起 ◎中间夹着贴有太阳能发电薄膜等的遮阳百叶，由电脑控制电机转动，根据预先设定的采光模式按需要调节百叶角度

（4）遮阳方式对采光质量的影响

固定遮阳方式：如屋檐、窗檐，是一种水平且固定的遮阳装置，可以有效遮挡南边的窗户。但缺点是，当太阳的方位角超过 8°，此遮阳装置不再有效。另外，在东面和西面的窗户则需要一些竖直的遮阳装置，因为太阳的高度角较低。

可移动遮阳方式：可移动遮阳装置能够根据室外光线的变化进行调节，达到充分利用太阳能和阳光的作用，同时可以遮挡刺眼的强光和减少多余热量。另外，在冬季，可移动遮阳装置能够关闭，从而减少热量损失。由此看出，室外可移动遮阳装置优于固定遮阳装置。表层带反光涂料的百叶窗或窗帘是常见的可移动遮阳装置，可以阻止阳光进入室内，降低室内温度。

植被遮阳方式：植被遮阳是最佳的遮阳方式。例如，落叶植物在夏天可以最大限度地遮挡阳光，到了冬天叶子脱落，阳光又可以最大限度地照射到室内。

3 自然光的两种采光形式

将自然光引入室内空间的主要设备是窗户，但由于各种局限性，需要设计师学会对光线的照射进行取舍。自然光的采光形式主要分为侧面采光和顶部采光。

（1）侧面采光

侧面光的光线具有明显的方向性，有利于形成阴影，能够避免眩光。但室内空间的进深尺寸会导致靠窗的地方光线充足，而远离窗户的地方光线薄弱，因此室内更深处的空间需要用人工照明补充光线。在室内光环境的设计中，大面积的落地窗和玻璃幕墙的形式均采用的是侧面采光的方式，可以令空间变得动人而有生气。

↑ 落地窗前形成的阴影，有利于美化空间环境

↑ 玻璃幕墙令光线大面积抵达到空间之中，既具有光影变化，又提升了空间的明亮度与通透感

侧面采光的形式：侧面采光有单侧、双侧及多侧之分。根据采光口的高度位置，又可以分为高、中、低侧窗。

侧面采光的几种常见形式分析

方式	概述	图示
侧窗	开启侧窗，使得屋子开敞明亮，让人感觉舒爽。不同的窗型给人的体验也会有所差别，如横向窗给人开阔、舒展的感觉，竖向的条窗则有条幅式挂轴之感	↑ 800mm ≤窗台高≤ 1000mm，通常选择 900mm，根据规范，住宅窗台高度小于 900mm 时需要加栏杆
落地窗	落地窗窗台低矮，在视觉上没有遮挡，使室内和室外紧密融合。人们可以更全面地看到室外的景色，视野开阔，极具震撼力	↑ 200mm ≤窗台高≤ 450mm，为了安全通常加栏杆
高侧窗	开设高侧窗有利有弊：一方面它减少了眩光，取得了良好的私密性，给人安定感；另一方面由于进光量有限，一定程度上隔绝了外界信息，也会带给人闭塞的感觉	↑ 窗台高≥ 1200mm，一般在卫生间或者楼梯间使用，有的展览建筑中也会采用

侧面采光中的窗地比：由于采光方式及墙角形式不同，室内会产生各种不同的暗角。一般侧面采光口常置于 1m 左右的高度，有些场合为了利用更多墙面（如展厅），或为了提高房间深处的照度（如大型厂房），可以将采光口提高到 2m 以上。另外，在做室内采光时还需要对窗口大小和数量进行精确估算。

在通常情况下，室内侧面采光面应不小于室内地面面积的 1/5。如果窗户过小，室内光线弱，室内视线相对就差，很容易造成身心疲劳感；但如果窗户开得过大，光线太强，刺激的光线则会使人心绪不宁，烦躁不安。另外，开窗高低同样会影响室内光线。窗开得太低，光线集中在某一部位，不利于扩散；窗开得高一些，光线则相对比较柔和、均匀。一般室内靠窗的区域光线强度相当于室外的 1/10，室内最远处的光线强度是窗边的 1/10。

备注 *在建筑设计中，将室内侧面窗洞口的面积 A_c 与该室内地面面积 A_d 之间的比值称为窗地比。*

住宅室内采光标准

房间名称	侧面采光	
	采光系数最低值 /%	窗地比（A_c/A_d）
客厅、起居室、卧室、厨房	1	1/7
楼梯间	0.5	1/12

注：① 上述窗地比的数值以我国 Ⅲ 类光气候区单层普通玻璃钢窗计算，当用于其他气候区时或采用其他类型窗时，应按现行国家标准《建筑采光设计标准》的有关规定进行调整。

② 离地面高度低于 0.5m 的窗洞口面积不计入采光面积内。窗洞口上沿距离地面高度不宜低于 2m。

（2）顶部采光

顶部采光是利用自然采光的基本形式，光线为自上而下的垂直光源，照度分布均匀，光色较自然，亮度高，会产生天光倾泻的视觉效果。但若在顶部采光的上部有障碍物，照度则会急剧下降。另外，由于顶部采光一般是垂直光源的直射光，容易产生眩光。

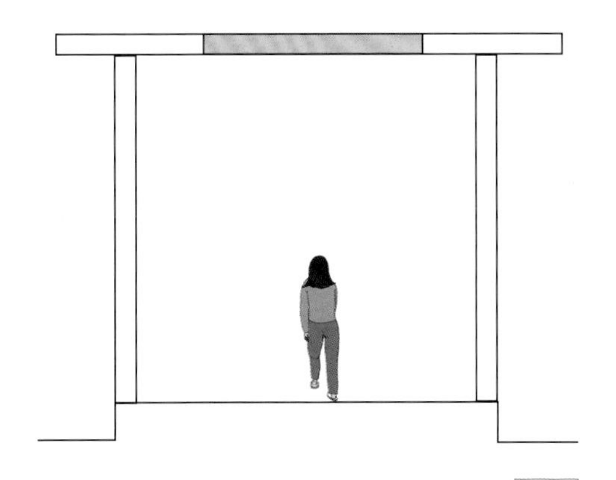

➔ 顶部天窗接受的日照时长较长，进光量均匀，让人有新颖之感。透过天窗可以看到蓝天白云，给人身处自然的天然感

顶部采光的形式：顶部采光可分为全顶采光、部分顶面采光、顶面单斜面采光、顶部双斜面采光等。除全顶采光外，其他采光形式会使室内产生不同的暗角。

顶部采光可与通风相结合：为了起到隔热、隔音的效果，可使用中间充氩气的双层玻璃窗。另外，为了具有遮阳作用，可在玻璃窗上设置可移动的遮阳板。

贝聿铭·华盛顿国立美术馆东馆

↑ *自然光透过两个三角形展厅间所架起的顶部玻璃天窗，倾泻到室内的墙面和地面上，令身处于光影、虚实空间中的人们，心情也随之轻松、舒畅*

4 运用调节技术改善自然光的缺陷

自然光除了多样化的优点之外，也存在着不容忽视的缺点。主要缺点有两个，一个是直射光容易损伤人眼；另一个是自然光会引起室内照度不均的问题。因此，需要设计师在做方案设计时有针对性地采用不同的调节技术加以处理。

处理方式一：设置遮阳板、遮阳帘及反光格片

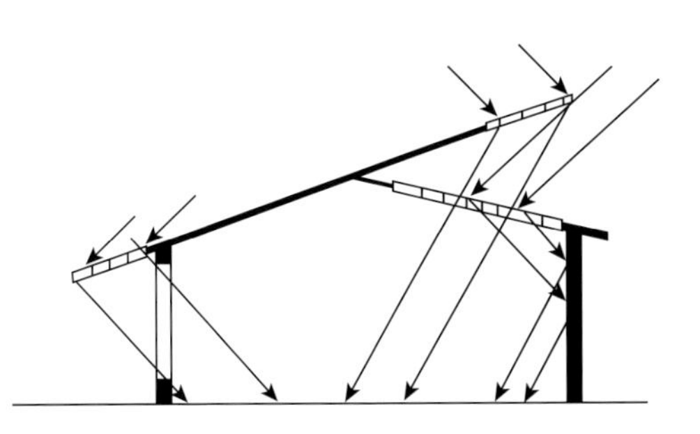

↑ 通过设置遮阳板以及反光格片的方式，来调节室内照度

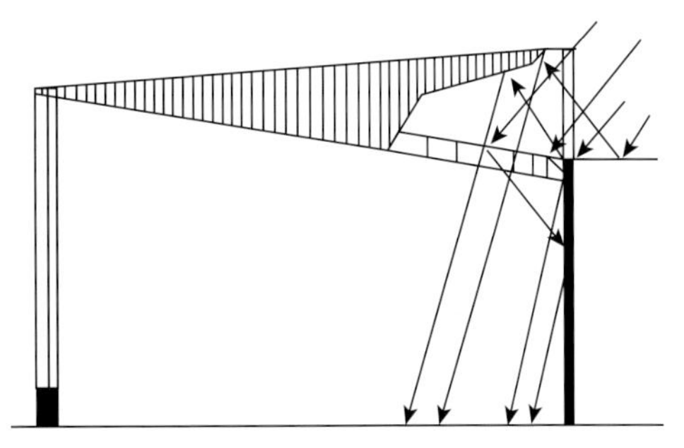

↑ 利用反光格片调整室内照度

↑ 通过遮阳帘调节室内照度

↑ 通过电动遮阳防护卷帘调节室内照度

处理方式二：设置遮阳格片改变光线方向

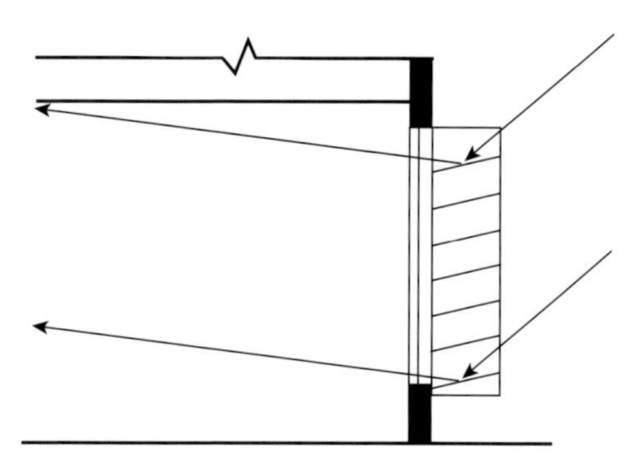

↑ 通过设置遮阳格片，并利用格片角度改变光线透射方向，从而避免直射光的损害

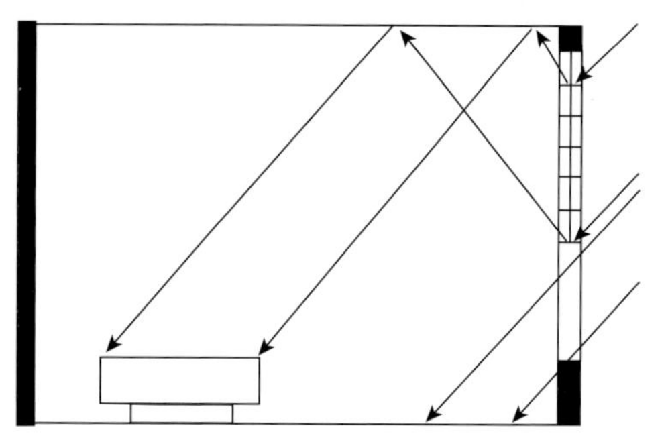

↑ 通过玻璃砖或遮阳格片的折射，使室内照度变得比较均匀

处理方式三：设置反射板

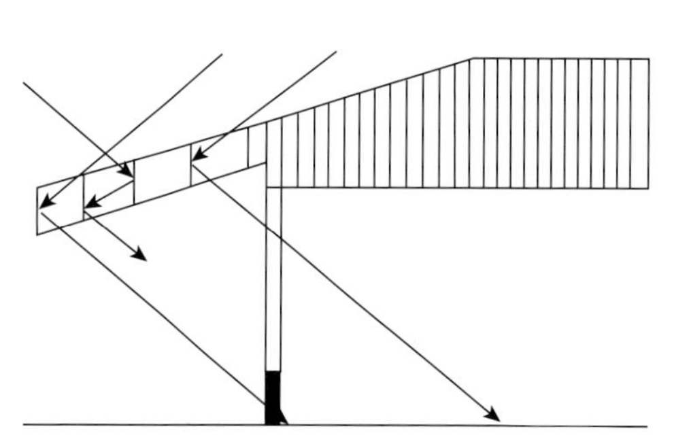

↑ 通过建筑物附近设置的反射板，增加室内照度

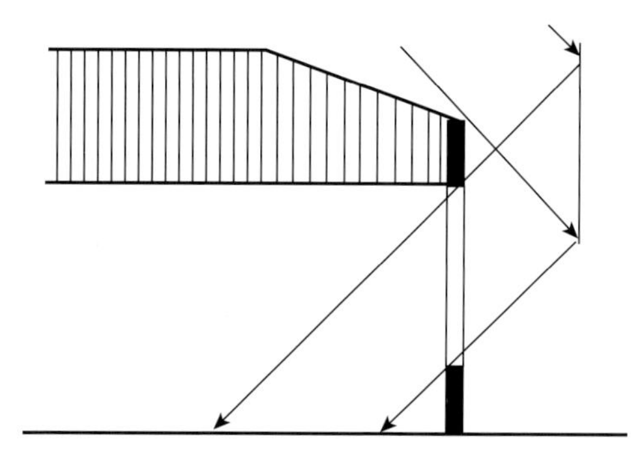

↑ 通过在屋檐上设置反射板增加室内照度

处理方式四：利用棱镜玻璃改变光线方向

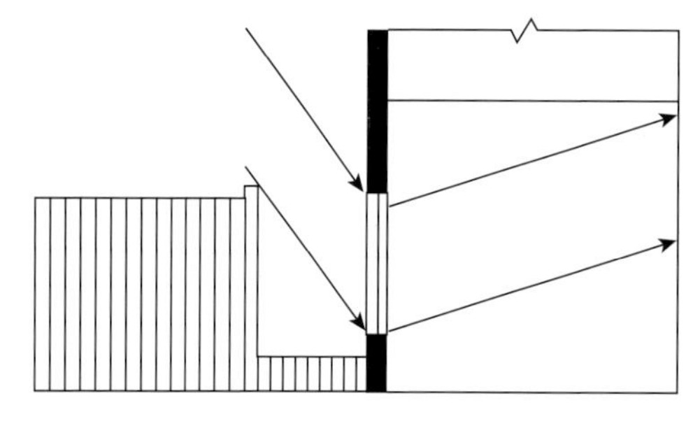

↑ 在墙体下部设棱镜玻璃低窗，调整室内照度

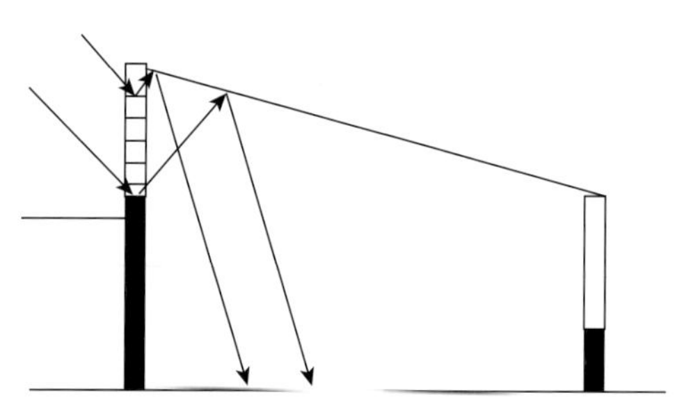

↑ 在墙体上部设棱镜玻璃窗或遮阳格片调节室内照度

处理方式五：设置调光板

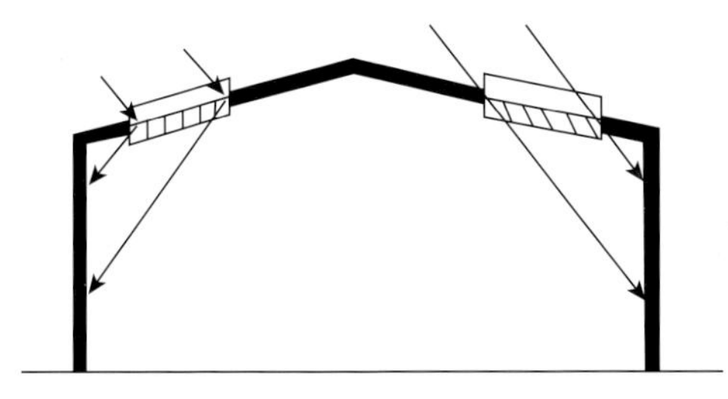

↑ 在建筑物屋顶的两侧设置调光板，通过调光板的自动调整或人工调整，调节室内照度

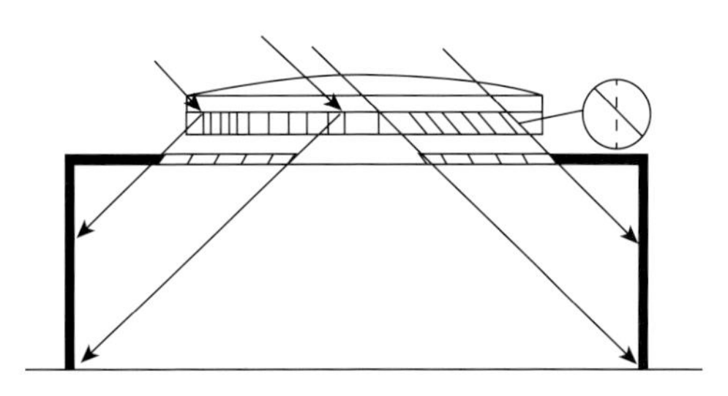

↑ 在屋顶上部设置大面积调光板调节室内照度

处理方式六：利用玻璃砖扩散光线

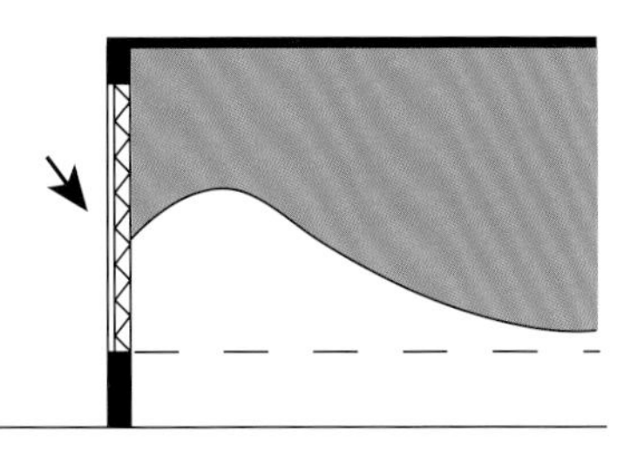

↑ 在墙体内砌筑玻璃砖，使室内照度趋向均匀分布

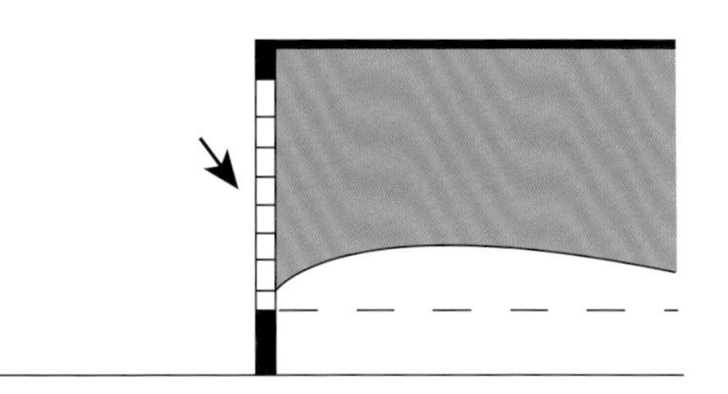

↑ 在墙体内砌筑指向性玻璃砖或水平的遮阳格片，使室内照度均匀分布

处理方式七：利用地面、屋顶反射，增加室内亮度

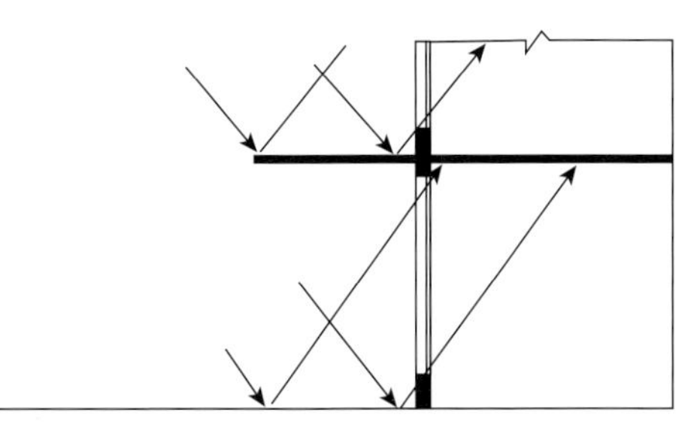

↑ 利用地面或雨罩的反射光增加室内亮度

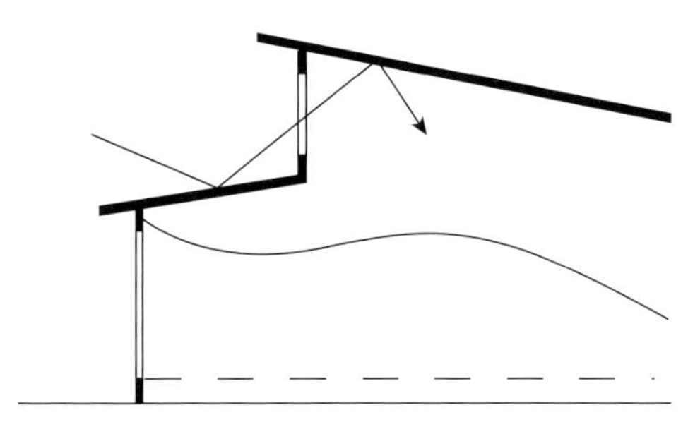

↑ 利用屋顶反射，使室内照度均匀分布

思考与巩固

1. 影响室内采光的因素有哪些？
2. 自然采光的形式有哪些？分别具有什么特点？
3. 自然光的调节技术有哪些？该如何应用？

四、人工照明设计

学习目标	1. 认识人工照明，了解其优点。 2. 了解人工照明总体设计策略及照明项目的工作流程。
学习重点	1. 掌握人工照明方式及布局形式。 2. 掌握照明光源和照明灯具的类型及应用特点。

1 认识人工照明

人工照明也可以称为“灯光照明”或“人工光照”，是采用各种发光设备来为房间提供光源的一种照明方式，也是室内照明设计的主要内容。人工照明设计既是夜间光源的来源，同时又是白天室内光线不足时的补充。不同灯具的组合方式会带来不同的光环境效果，能耗和自然采光比相对较大。

为了能够控制整个空间的光环境，设计师在进行人工光源的选择上，需要考虑空间氛围以及照明方式等内容。

① 利用光源的方向或位置等，使被照物能够形成更加立体的光影效果，增加室内环境的空间感。

② 利用光源的光强或色彩等，使空间呈现出丰富的艺术氛围；或对光源及灯具形式进行组合表现，强化室内环境的艺术感。

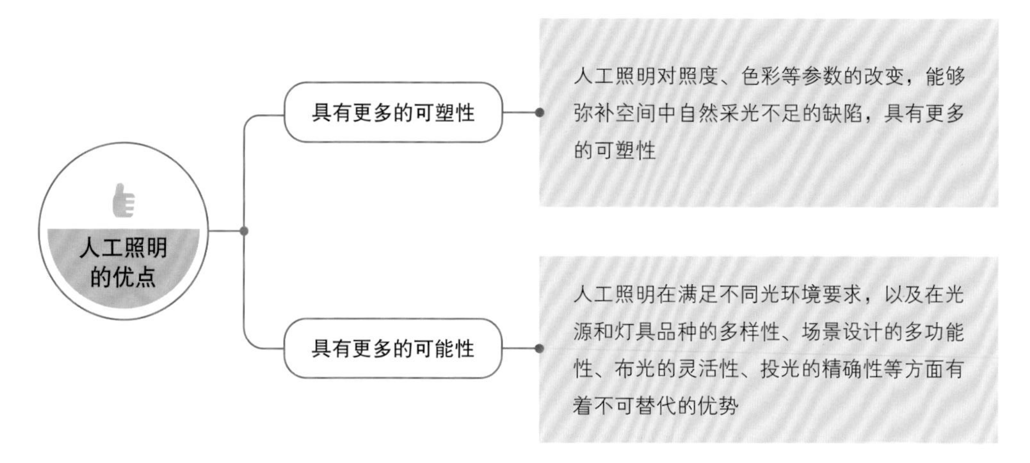

人工照明的优点

淡黄光

温馨浪漫

暖白光

舒适适中

↑ *在同一室内空间中，墙面、地面、家具等的材料与造型保持一致，更改人工照明的方式后，空间可以呈现出不同的光影效果与氛围*

2 人工照明光源：照明中的重要设备

光源是照明设计中重要的设备之一，光线设计搭配得适宜才能让空间更加舒适。从最初的钨丝灯到卤素灯，再发展到荧光灯，再到近年来节能环保的 LED 灯。随着光源的多元化，室内照明设计也更加多元化。

常用室内光源的特点

光源特性 / 项目	LED（蓝光 LED+ 黄光荧光粉）	荧光灯（普通型）	HID（氙气）灯
发光强度（全光通量）	高功率产品 30~60 lm（输入功率 1~2W）	3100 lm（功率 40W）	4000 lm（功率 400W）
发光效率	30~40 lm/W	68~84 lm/W	100 lm/W
能量转换率（可见光）	15%~20%	25%	20%~40%
色温	4600~15000K	4200~6500K	3800~6000K
显色	72	61~74	65~70
寿命	一般产品数万小时、高功率 20000h 左右	12000h	12000h
发热	热损耗 80%~90%	—	—
响应性（从通电到正常点灯的时间）	100ms 以下	1~2s	达到光亮稳定度需几分钟
指向性	带透镜有指向性	均匀发光带反射器有指向性	均匀发光带反射器有指向性
温度——光功率	温度相关性弱	温度相关性强	温度相关性弱

3 照明灯具：提供绝佳的室内装饰效果

灯具的种类十分多样，有直接安装在吊顶上的吊灯、吸顶灯，也有安装在墙面上的壁灯。除此之外，还有落地灯、台灯、筒灯等。设计师想要达到最佳的室内装饰效果，一定要注意灯具与空间的协调感。

备注 一些灯具通过和装饰材料的结合，或是装饰在家居中的不同界面，会创造出别样的照明环境。如洗墙灯、流明天花板，以及埋入式照明的设计等。

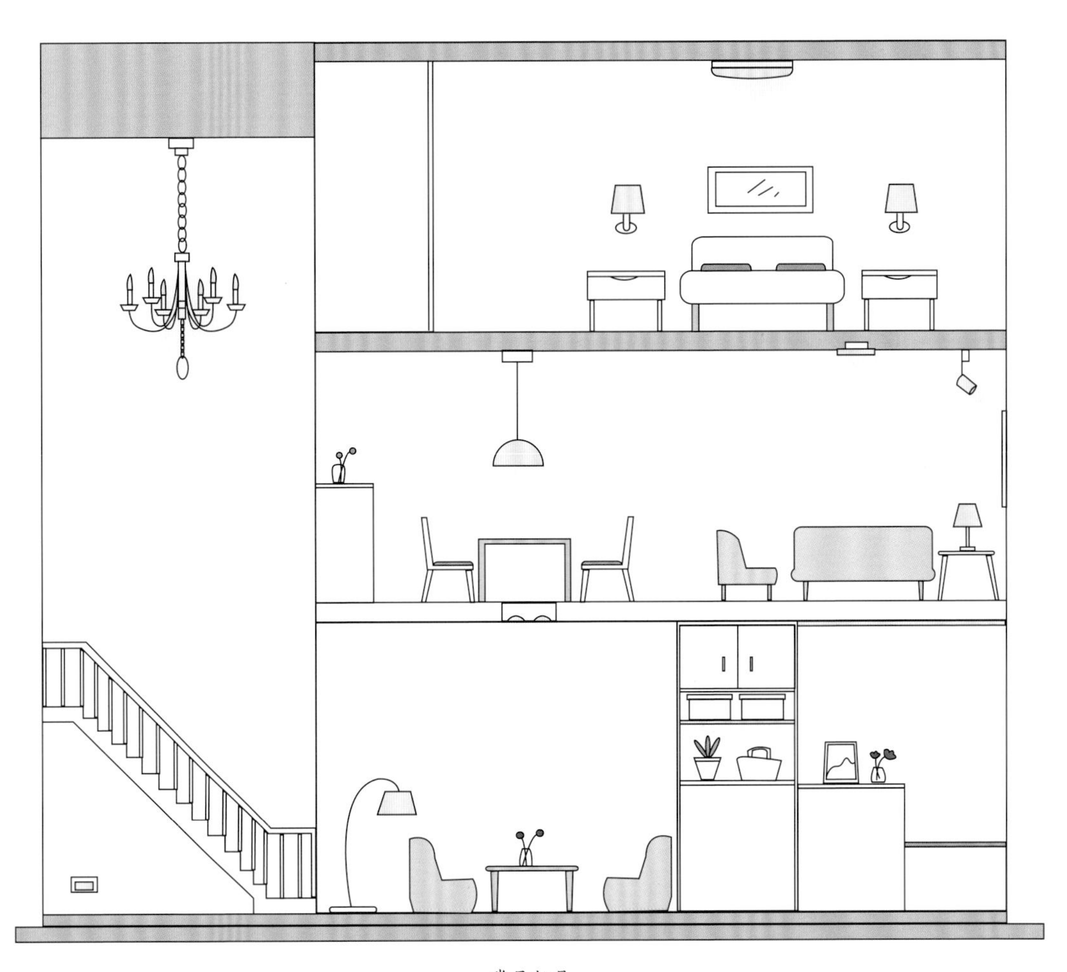

常见灯具

（1）吊灯

吊灯是吊装在室内吊顶上的装饰照明灯，其作用不仅局限于照明功能，更重要的是展现出装饰性。

吊灯的常见分类：吊灯按照灯头数量可划分为单头吊灯和多头吊灯，按照安装方式可划分为杆式吊灯、链式吊灯和伸缩式吊灯。

吊灯的常见类型

类型	特点	图示
按灯头数量划分		
单头吊灯	◎ 指一个吊线上只固定一个灯罩和光源的款式 ◎ 通常造型比较简单、大方 ◎ 单头吊灯用在客厅会显得有些单调，一般建议用在住宅空间中的卧室、餐厅等	
多头吊灯	◎指一个吊线上固定多个灯罩和光源的款式 ◎造型多样，适合各种家居风格，或华丽、或质朴	
按安装方式划分		
杆式吊灯	◎从形式上可以看成是一种点、线组合灯具 ◎吊杆有长短之分，长吊灯突出了杆和灯的点线对比，给人一种挺拔之感	
链式吊灯	◎用金属链代替杆的灯具 ◎链式吊灯也有采用短链的，以突出灯具的造型	
伸缩式吊灯	◎采用可伸缩的蛇皮管做吊具 ◎在一定范围内调节灯具的高低	

吊灯的组成：大部分吊灯由吊杆（吊管）、吊链（吊灯线）和灯罩组成。其灯罩材质对光线的散发具有很大影响，如金属灯罩给人以现代感，光线比较聚拢；塑料、玻璃等灯罩的透光性较强；而木材、纸等材质的灯罩则能体现出自然感，透射的光线比较柔和。另外，一些水晶吊灯的垂饰常用水晶、石英玻璃、塑料或镀金饰物制作，可以令空间显得高贵典雅、富丽堂皇。

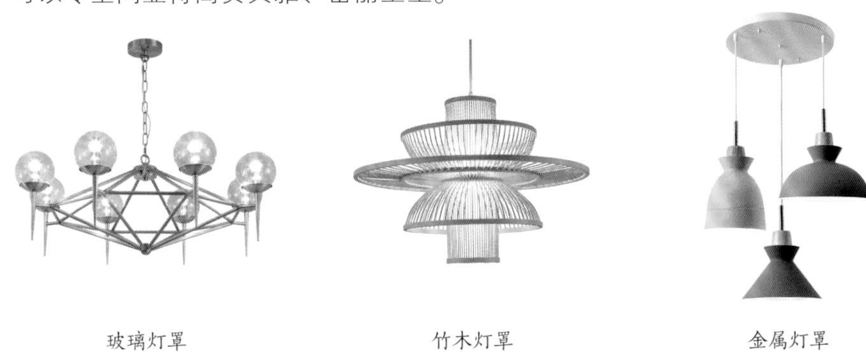

玻璃灯罩　　　竹木灯罩　　　金属灯罩

吊灯的应用：吊灯多用于整体照明或是装饰照明，很少用于局部照明。作为整体照明，其适宜悬挂高度一般为距地面约 2.1m。吊灯的使用范围广泛，无论是商业空间中富丽堂皇的大厅，还是住宅空间中的客厅、餐厅等，都可使用。由于吊灯的位置常处于比较醒目的部位，因此，它的形式、大小、色彩、质地等都与环境密切相关，在选择时应注意与空间的协调性。

❶ 吊灯距离地面约 2.1m

（2）吸顶灯

吸顶灯的款式简洁，具有清朗、明快的感觉，但相对于吊灯，其装饰性略弱。吸顶灯安装后，可以完全贴在顶面上，适合用在较低矮的空间内。

吸顶灯的常见分类：吸顶灯按照灯罩形式可划分为罩式吸顶灯和垂帘式吸顶灯。

吸顶灯的常见类型

类型	特点	图示
按灯罩形式划分		
罩式吸顶灯	◎ 带有灯罩的款式，灯罩造型多样，常见方罩、球形罩、半球形罩、长方罩等 ◎ 通常体积较小，灯罩多为亚克力或塑料材质，较少使用玻璃	
垂帘式吸顶灯	◎ 形式多为圆形、方形或长方形 ◎ 与罩式吸顶灯相比，装饰性更优良，灯光照射下非常华丽 ◎ 装饰部分多为水晶或亚克力	

吸顶灯的组成：吸顶灯一般由灯架和灯罩组成。灯架的材质常见拉丝不锈钢、仿古金属、黑色塑料、印花亚克力，以及木框架等。其中灯架为拉丝不锈钢、黑色塑料、印花亚克力等材质的吸顶灯常用于现代风格和简约风格的居室中；灯架为仿古金属材质的吸顶灯在法式风格、美式乡村风格、田园风格的家居中比较常见。而木框架吸顶灯则适合中式风格、日式风格以及东南亚风格的家居。

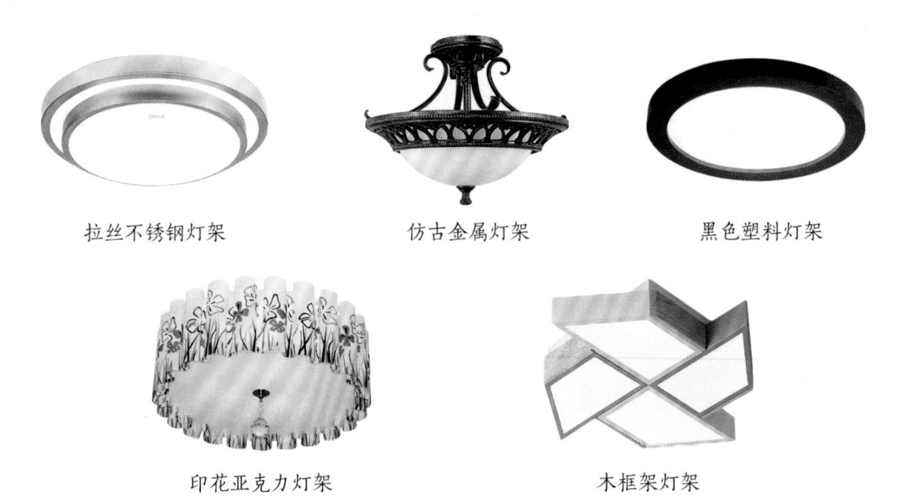

拉丝不锈钢灯架　　仿古金属灯架　　黑色塑料灯架

印花亚克力灯架　　木框架灯架

吸顶灯的常见灯罩材质为玻璃、塑料和布艺。其中用乳白玻璃、有机玻璃、喷砂玻璃或彩色玻璃制成的灯罩，造型大方、光色柔和；用塑料制成的灯罩质地比较轻，常用于住宅空间中的厨房、卫浴；由于布艺的透光性不同，照明亮度有强弱区别，但光感柔和。

玻璃灯罩　　塑料灯罩　　布艺灯罩

吸顶灯的应用：由于吸顶灯直接安装于吊顶上，能将大部分灯光投射于地面和空间中，所以多用于整体照明。另外，吸顶灯不具有吊灯那样丰富多变的照明效果，因此在空间设计中，往往会结合筒灯或射灯等点光源来呼应其照明效果，用以提升空间内的光影变化，以及整体的照明亮度。

↑采用双吸顶灯与轨道射灯相结合的方式，令室内照明更具层次感

(3)壁灯

壁灯具有很强的装饰性，由于造型精巧、别致，常产生特有的艺术表现力，使平淡的墙面变得光影丰富。但壁灯本身一般不能作为主要光源，通常和其他灯具配合组成室内照明系统。壁灯可以作为点光源，起到烘托空间氛围的作用。

壁灯的常见分类：壁灯按照灯架臂长可分为贴壁壁灯和悬壁壁灯，按照光源数可分为单枝壁灯和双枝壁灯，按灯罩封闭程度又可划分为全封闭式壁灯和半封闭式壁灯。

壁灯的常见类型

类型	特点	图示
按灯架臂长划分		
贴壁壁灯	◎无灯架，灯座与墙面直接贴合 ◎由于灯罩距离墙面近，因此照射在墙面上的光线距离短，但亮度高	
悬壁壁灯	◎有灯架，灯架部分既可以是固定的，也可以是可移动的 ◎光线照射在墙面上的距离较长，亮度要弱一些	
按光源数划分		
单枝壁灯	◎ 比较简单的壁灯形式，造型简洁，一般少有装饰，讲求流线造型 ◎ 常应用于住宅空间中的儿童房、走廊、过道等	
双枝壁灯	◎采用各种造型的灯枝配以风格相同的灯罩组成 ◎常见的类型有空腔式壁灯和拼片式壁灯 ◎空腔式壁灯的灯罩中空，上或下开口，用压花或磨砂玻璃制成，显得稳重、协调、对称；也有乳白色玻璃制成的上下开口或左右开口的圆柱形灯罩，简单、大方 ◎拼片式壁灯的灯罩用压制成的玻璃片或塑料片制成，形状多样	

续表

类型	特点	图示
按灯罩封闭程度划分		
全封闭式壁灯	◎将光源完全封包在里面，从而使光线变得柔和 ◎形状各异，多为圆形、椭圆形，后衬托架，托架造型也不相同，形成各种装饰风格	
半封闭式壁灯	◎也叫半敞开式壁灯，灯罩不完全闭合，而是根据灯的造型在上、下、左、右留出开口 ◎造型多样，常见拼片式壁灯、空腔式壁灯和蜡烛式壁灯 ◎拼片式壁灯和空腔式壁灯的形式可参见双枝壁灯的内容 ◎蜡烛式壁灯一般没有灯罩，用乌光玻璃或乳白玻璃做成烛头形状，下边配以金属的蜡烛式灯座，宛如在居室里点起数支蜡烛，其光源一般瓦数不宜太高，适合营造氛围感	

壁灯的应用：壁灯的光线比较柔和，作为一种背景灯，可以使室内气氛显得优雅，安装高度适合在1.8~2m，同时应注意同一墙面上的安装高度应一致。另外，壁灯的照度不宜过大，应注意其光影效果，使之更富有艺术感染力。同时还应注意，若将壁灯安装在室外或露台等地方，则需要采用防潮及防水的类型。

❶ 壁灯安装高度适合距离地面1.8~2m

（4）落地灯

落地灯的整体造型不大，单独放在空间中时很难呼应墙面设计，缺乏平滑的过渡。因此，会结合沙发组合、单人座椅等共同设计，以增强落地灯的融入感，强调空间设计的整体性。

落地灯的分类：落地灯按灯架的高低可分为高杆落地灯和低杆落地灯，按照明形式可划分为上照式落地灯和直照式落地灯。

落地灯的常见类型

类型	特点	图示
按灯架高低划分		
高杆落地灯	◎高杆落地灯常将灯具放置于地面 ◎可以近距离照射需要光线的空间，特别适合阅读和做细致工作	
低杆落地灯	◎低杆落地灯常用于玄关、过道，或者摆放在空间中做辅助照明之用	
按照明形式划分		
上照式落地灯	◎光线照在吊顶板上再漫射下来，均匀散布在室内 ◎间接照明的方式使光线较柔和，对人眼刺激小，还能在一定程度上使人心情放松 ◎家中吊顶最好为白色或浅色，吊顶材料最好具有一定的反光效果	
直照式落地灯	◎作用与台灯类似，光线集中向下照射 ◎既可以在关掉主光源后作为小区域的主体光源，也可以作为夜间阅读时的照明光源	

落地灯的应用：落地灯常用作局部照明，其不强求照明范围的全面性，而是强调灯具可移动的便捷性，对于角落气氛的营造十分实用。另外，落地灯的灯罩下方应距离地面1.8m 以上。

❶ 落地灯灯罩下方应距离地面 1.8m 以上

（5）台灯

台灯常作为辅助式灯具摆放在桌子、几案之上，是除了主灯外使用频率最高的一种灯具类型。台灯的照射范围相对比较小且集中，不会影响到整个房间的光线，照明作用局限在台灯周围，便于阅读、学习，节省能源。

台灯的常见分类：台灯按照使用功能可划分为读写台灯和装饰性台灯，按照结构可划分为分体式台灯、整体式台灯、可调节式台灯和组合式台灯。

台灯的常见类型

类型	特点	图示
按使用功能划分		
读写台灯	◎以读写照明为主的台灯，要求照度要强 ◎以功能性为主，有时为了营造室内的氛围，可稍加装饰 ◎属于小型台灯，总高度为 240~400mm	
装饰性台灯	◎和工作台灯的功能相反，主要以辅助照明为主，注重装饰效果 ◎造型设计要与室内的整体风格相协调，包括风格、材质、色彩等	
按结构划分		
分体式台灯	◎最常规的台灯结构形式 ◎基本分为灯罩、灯头、支架、底座四部分，可以分拆或组装	

续表

类型	特点	图示
整体式台灯	◎分为半整体式和一体式两种 ◎半整体式指灯罩和支架一体，而底座分开；或支架与底座一体，而灯罩分开的结构 ◎一体式结构是指灯罩、支架、底座成为一体的结构，一般整体由一种材料组成	
可调节式台灯	◎可以根据使用状况调节灯体的高度、光照方向，有的也可以通过调整底座，把台灯固定在需要的位置 ◎灯罩通过旋转调节照射范围；支架通过折弯或伸缩结构实现灯体高度的调整；支架和底座接点可旋转调整灯体方向；开关通过电阻的改变调整光照亮度	
组合式台灯	◎包括功能组合、拼装组合两种 ◎功能组合是把台灯照明的功能和笔筒、钟表、手电筒等其他功能结合，达到多功能整合的效果 ◎拼装组合是对台灯进行模块化设计，通过单体重复累加来组合台灯，或预设好台灯零部件让使用者来进行组装，充满趣味性，适合年轻人	

台灯的应用：用于书房中的读写台灯应适应工作性质和学习需要，宜选用带反射罩、下部开口的直射台灯，光源瓦数最好在 60W 左右。台灯摆设位置应在书桌左前方，可避免产生眩光，保护视力。其次，灯罩应调整到合适位置，如人眼距离台灯大概 40cm，离光源水平距离大概 60cm，且看不到灯罩内壁，灯罩下沿要与眼睛齐平或在眼睛下方，不要让光线直射或反射入人眼。

↑小巧的台灯方便移动，可以提供更适宜工作和学习的光照位置

（6）筒灯

筒灯是嵌装于吊顶内部的隐置性灯具，装设多盏筒灯可增加空间的柔和气氛。筒灯的提亮效果出色，当空间内只设计主光源，而角落照明亮度不够时，适合运用筒灯来辅助主光源照明。筒灯照明主要是散光，不会有明显的光斑形成，照明范围内也不会有明显的温度，因此在家装设计中应用得非常广泛。

筒灯的常见分类：筒灯按照安装形式可划分为嵌入式筒灯和明装式筒灯，按照明方向可划分为固定式筒灯和可调式筒灯。

筒灯的常见类型

类型	特点	图示
按安装形式划分		
嵌入式筒灯	◎需要将灯头以上的部分装在吊顶内部，也可以安装在家具中 ◎尺寸较多，需根据实际情况挑选，若尺寸不合适，不能进行安装 ◎按照其置入吊顶的方向又可分为直嵌式筒灯和横嵌式筒灯，两者分别是针对不同厚度吊顶的设计 ◎若吊顶空间足够可预留出空间安装直嵌式筒灯，吊顶厚度偏薄可选择横嵌式筒灯，节省安装空间	直嵌式筒灯 横嵌式筒灯
明装式筒灯	◎直接安装在楼板或者吊顶平面以下，裸露在外面 ◎无须开孔，可以直接安装，大部分具有可调节的优点 ◎可根据实际安装空间以及所需的照明亮度选择尺寸，尺寸越大，功率越高，亮度越大	
按照明方向划分		
固定式筒灯	◎灯具的灯头为固定式 ◎光线照射方向比较固定	
可调式筒灯	◎作用与射灯类似 ◎由于不想过于突出灯具本身，所以光线照射范围与射灯相比受限较大	

筒灯的应用：筒灯在吊顶中的分布间距会影响空间照明质量，间距越大空间所营造的亮度越小；间距过小，虽保证了空间亮度，但会造成能源浪费。若筒灯为主要照明，筒灯之间的距离可适当缩小，一般在 1~2m，保证空间亮度充足；若是辅助照明，则距离可适当加大，具体可根据整体空间的大小及层高决定。另外，筒灯到墙壁的距离也有要求，筒灯在照明时会产生热量，若离墙体过近易将墙壁烤黄，一般要求筒灯到墙的距离至少为 30cm。

↑ *吊顶中回字形的筒灯组合，形成了客厅内的主光源*

小贴士

眩光与光源亮度、背景亮度、光源位置等因素有关。在安装筒灯时要考虑好此类问题，避免眩光的产生。光源亮度可以根据灯具类型来调整，选择照度适合的筒灯类型。筒灯在背景亮度方面的问题主要是在墙壁上投射的光过于集中，从而产生眩光，解决方式为把筒灯的安装范围确定好，保证筒灯的安装位置与墙壁相隔一定的距离，距离过近会产生眩光，距离过远则会达不到照度要求。

（7）射灯

射灯的光线柔和，属于纯粹的点光源，其照明的指向性明确，区域性明显，在边界处有明显的光斑阴影，在照明范围内有明显的温度，但热量不高。这些特点决定了射灯不能承担主要的照明任务，但却有着极为出色的照明辅助效果。

射灯的常见分类：射灯按安装形式可划分为墙面固定射灯和嵌入式射灯。

射灯的常见类型

类型	特点	图示
按安装形式划分		
墙面固定射灯	◎ 有支架固定在墙面中，有新颖的外观设计 ◎ 照明可移动，指向性强，照明亮度高 ◎ 多设计在后现代风格等设计创新且时尚的空间中	
嵌入式射灯	◎ 射灯安装好后与吊顶持平，不占用空间面积 ◎ 照明有多种光斑效果可选择，光影变化丰富 ◎ 多设计在石膏板吊顶的内侧	

射灯的应用：将射灯安装于固定轨道上，能够随意调整角度，照射比较灵活，并通过集中投光以增强某些特别需要强调的物体，现被广泛应用在商店、展览厅、博物馆等的室内照明中，以增加商品和展品的吸引力。在家居设计中，射灯可用于投射墙壁上的挂饰或装饰画等，能显出极佳的效果。射灯的光源功率一般不超过60W，大多用乳白球泡罩或铝反射灯罩。

← *利用可调节方向的轨道射灯增加客厅的局部照明，用以突出装饰画*

由于射灯与筒灯较为相似，在日常应用中应予以区分。

种类	运用特点	光源特点	光照特点
射灯	常做重点照明，用来照射需要重点突出的物体，可以打出干净、清晰的光斑，重点突出需要表达的物体，以增强效果	以卤素灯和金卤PAR灯为主，如今LED射灯占据主要市场	比较聚光，可以形成光柱，能够调整光的角度
筒灯	主要提供均匀、舒适、柔和的功能性基础照明，布灯时主要考虑灯具间距、地面的照度和均匀性，以及灯具本身与吊灯的匹配度	多使用节能灯光源，部分为金卤灯，LED筒灯也较多	通常配光比较宽，为散射光，直接往下照射

（8）洗墙灯

洗墙灯实际上指的是一种照明形式，是用光照亮一个垂直表面，使目标墙面达到一定、均匀的亮度，营造明朗、开阔的立面视觉。作为洗墙照明的灯具既可以是筒灯，也可以是射灯。此种分类类似于设计师将窄角度的轨道射灯和窄角度的可调角度下照灯都称为“射灯”一样。

备注 最近几年由于LED的技术发展，有一类LED条形洗墙灯也被应用于室内之中。这类灯具的光线沿墙面掠过，而不像传统洗墙灯那样垂直投射于墙面。因此，这种灯具也被设计师称之为“擦墙灯”。

↑客厅背景墙的洗墙照明，其照度均匀，营造出柔和的空间氛围

（9）流明天花板

流明天花板是一种使灯管发出的光线透过雾面玻璃、彩绘玻璃、亚克力板等透光或半透光材料达到间接照明效果的灯具，外观看起来较为平整，也没有过多线条，在满足照明功能之外，还可以令空间看起来更加简洁、利落。同时，这种照明灯具可以营造大面积照明，并且与一般间接照明以及嵌灯、射灯相比，其营造的光线更加均匀，不会让人感到刺眼。另外，流明天花板的下方灯板通常为活动式，方便日后维修、更换灯管，又不易藏污纳垢。

适用空间：适合用于无光照的房间以及采光不佳的厨房、卫生间或空间中段区块。

需要注意的是，流明天花板中若灯管与面材距离太近，其灯管的亮线会变得过于明显。在安装时，内嵌灯箱的内部高度至少应保留 12cm，灯箱内部需全部处理成白色。这样才能呈现出流明天花板特有的柔和、均匀的灯光效果。另外，如果流明天花板的灯箱开口过大，则应避免使用质料偏软的亚克力面材，以免日后变形。可以考虑采用近年兴起的聚氯乙烯（PVC）薄膜材质，这种材质不受尺寸限制，且延展性佳，不仅能营造出大面积照明，还可以打造出各种立体造型的天花板。

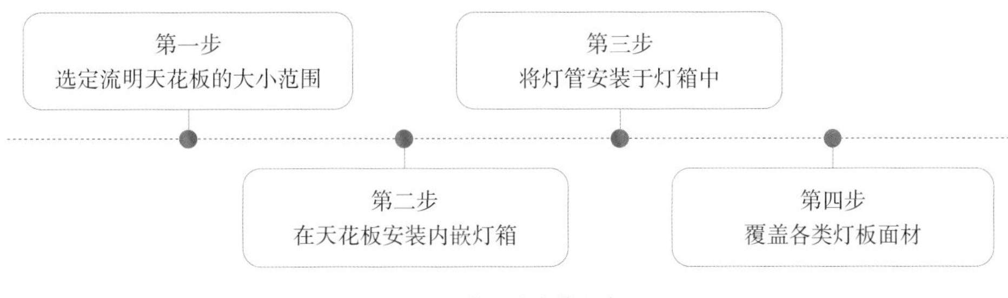

流明天花板的安装顺序

↑用流明天花板贯穿客厅和餐厅，提供足够照度的同时，也为空间带来了丰富的层次感，极具装饰效果

（10）埋入式照明

埋入式照明从广义上是指光源可直接嵌入地面、墙面或固定式家具的灯具，具有间接照明的优点，光线较柔和且不刺眼。另外，埋入式照明可以收整空间线条，避免元素过多而显得凌乱，也可以通过光影效果创造视线引导或指示方向。

备注 作为夜间安全引导的足下灯，常安装于楼梯、过道处。而在老年人的居住环境中，最好在卧室出入口到卫生间的行走动线中，加装照度在 75 lx 以上的感应式足下灯，用来提供充足且不刺眼的夜间光源。

埋入式照明灯具的常见类型

内嵌式柜灯

埋入式地灯

埋入式 LED 铝条灯

埋入式嵌墙灯

足下灯

小贴士

埋入式地灯既可用于室内，也可用于室外。室内用的地板灯应选择具有防烫功能认证或光源热度较低的 LED 灯，避免因不小心触碰而被烫伤的事件发生。此外，一些埋入式地灯有负重限制，应保证使用的环境不会超出限重。若埋入式照明在户外使用时，有的会具有一定厚度，需先安装埋入式灯盒。若将此类灯具用于阶梯等混凝土材质的建筑物时，建议在设计照明时参考建筑钢筋结构图。

4 室内人工照明的七种方式

照明的方式一

间接照明

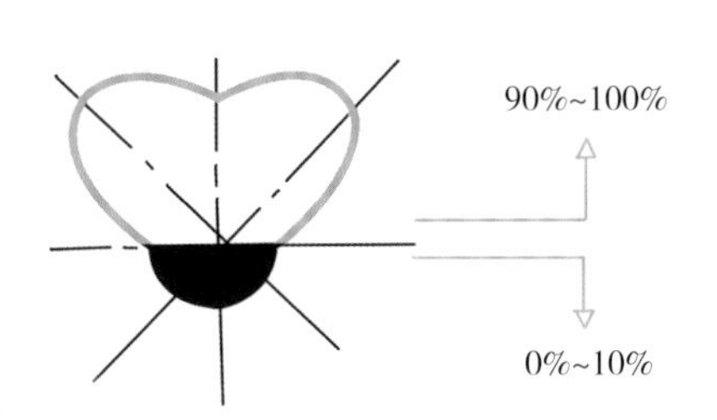

由于将光源遮蔽而产生间接照明，即把90%~100%的光射向顶棚、穹隆或者其他表面，再从这些表面反射至室内。这种照明方式在灯具接近顶棚时可以达到几乎无阴影的效果，且从顶棚和墙面反射的光，会给人造成顶棚变高的心理知觉效应。这种照明方式可见于多种场合，如在房角的地上、植物的背后等。其不仅形成了独特的照明方式，还可以形成具有趣味性的影子。

照明的方式二

半间接照明

半间接照明是将60%~90%的光向顶棚和墙面照射，10%~40%的光照到工作面，顶棚是主要的反射光源。从顶棚反射出来的光线可以软化阴影，优化整个照明区域的亮度。

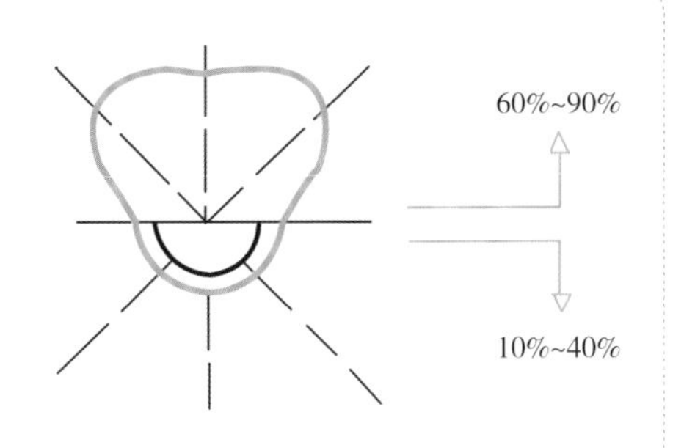

照明的方式三

直接照明

直接间接照明装置，对地面和顶棚提供基本相同的照度，均为40%~60%，周围散射的光线较少，某些台灯或者落地灯能够达到这样的效果。

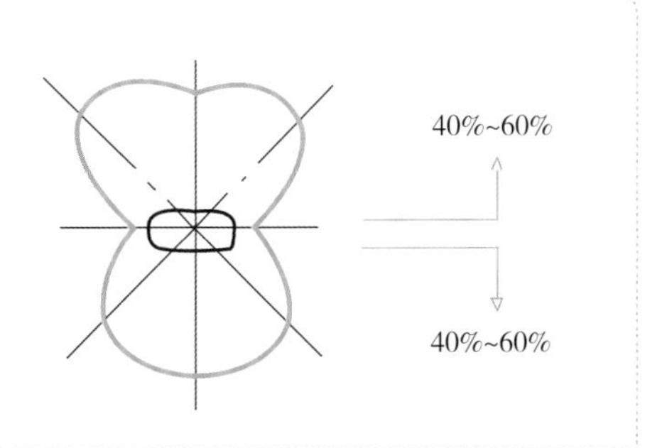

照明的方式四

漫射照明

这种照明方式对所有方向的照明几乎一样，采用这种方式时，为了避免眩光，灯的瓦数要低一点，漫射装置圈要大一点。

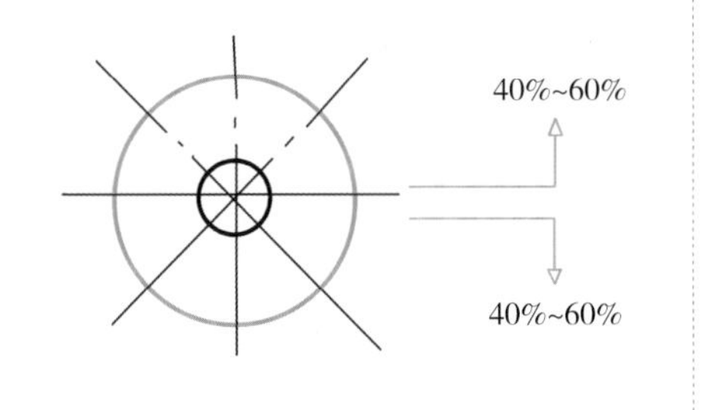

照明的方式五

半间接照明板

在这种照明灯具装置中，有 60%~90% 的光向下直射到工作面上，其余 10%~40% 的光向上照射，因而从上方下射的照明，在直射方向以外的其他方向的光照度都比较低，更为柔和。

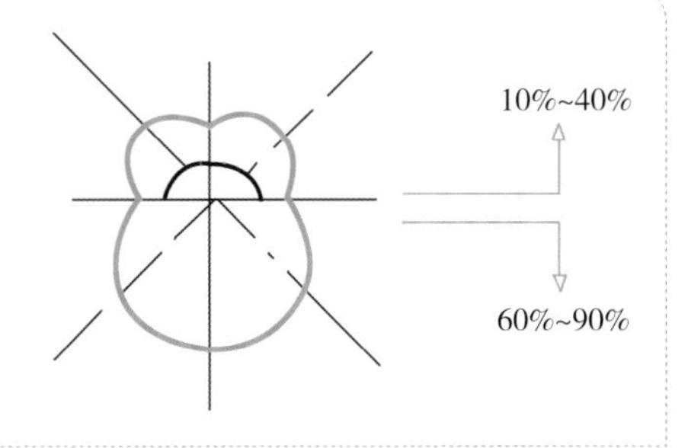

照明的方式六

宽光束的直接照明

具有强烈的明暗对比，形成了阴影。使用这种照明方式时，应尽量用反射灯泡，否则会有较强的眩光，鹅颈灯和导轨式照明就属于这种照明方式。

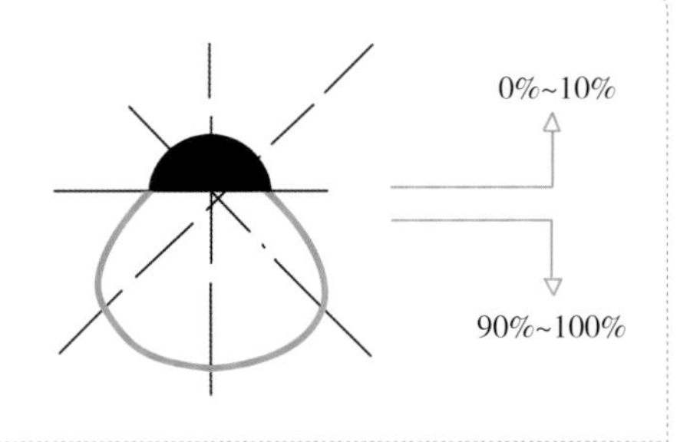

照明的方式七

高度集中光束的下射直接照明

高度集中的光束形成光焦点，可用于突出光照效果和强调重点，为墙面或其他垂直面提供充足照度。

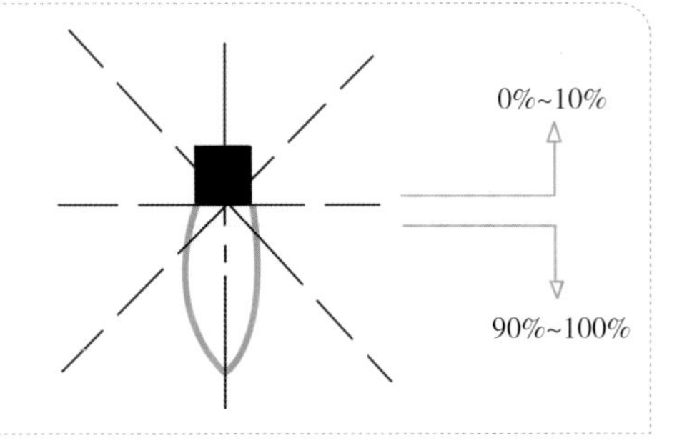

5 室内照明的四种布局形式

室内人工照明的布局形式一般分为四种，分别是整体照明、局部照明、装饰照明和混合照明。其中将整体照明和局部照明相结合的方式最为普遍。整体照明一般指照亮全房间的方式，灯具一般选用吊灯、吸顶灯、嵌入式灯具等。局部照明指照亮室内局部范围的方式，灯具一般选用壁灯、台灯、床头灯、落地灯、射灯等。

（1）整体照明

整体照明主要是在房间内的综合环境下使用均匀照度的形式，照度在水平面上保持均匀，光线通过空间时不存在阻碍。此种照明方式可以为室内日常工作和生活提供良好的光照，是目前光环境中的重要布局形式。

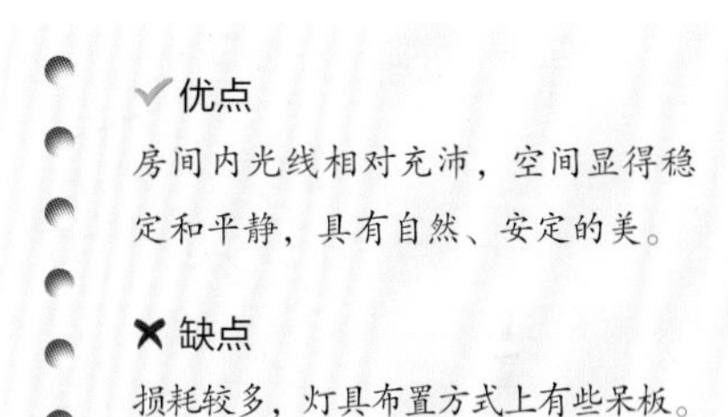

整体照明

（2）局部照明

局部照明也是重点照明，在光环境设计中具有明确的目的性。布光时一般可以选择有着明确方向或特殊光色的灯光，以突出室内空间中的某些特定部位或某区域的特别需求，在工作与学习中使用较多。局部照明主要通过众多照明形式对物体或场所实施强化和突显，进而表现出立体感、表层质感、光泽和颜色等。

局部照明的标准。

① 是一般照明照度值的 3~4 倍。

② 采用高亮度光源彰显表层质感。

③ 采用定向光彰显物体所具备的立体感。

④ 通过色光彰显部分区域的物品。

局部照明

（3）装饰照明

为了对室内进行装饰，增加空间层次，营造环境气氛，常用装饰照明。由于装饰照明是以装饰为目的的独立照明，在具体设计时，应避免和整体照明混合，也不能取代其他照明方式。另外，同一空间中，应尽量选择形态统一的灯具，在渲染室内环境氛围的同时，也不会造成空间上的视觉杂乱。

（4）混合照明

在室内空间设计中，对混合照明的合理利用能够构建出良好的室内空间气氛，一定程度上展现出室内空间的某种意境。混合照明是指在一定空间内的整体照明的基础上，加强某些特定局部区域的照明。这种照明方式在创造良好的光环境时，起到不可或缺的重要作用。例如，能够将局部的亮度提高，增加空间的照度比，从而达到加强空间的层次感和设计感的效果。

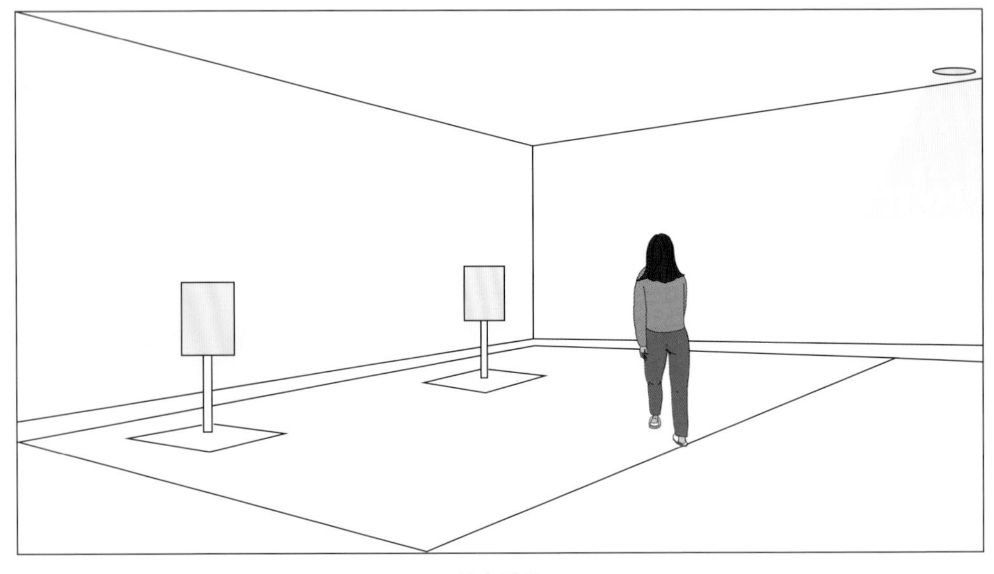
混合照明

6 人工照明的总体设计策略

设计师在实现照明项目之初，需要注意四大原则与四个目标，充分分析每个照明项目的特点，并根据具体项目的场地条件和业主需求，制定更具针对性的设计原则和设计目标。

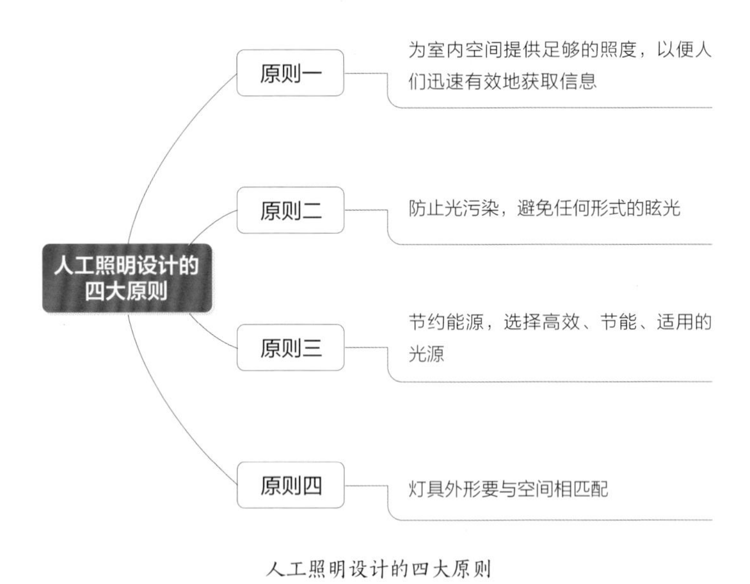

人工照明设计的四大原则

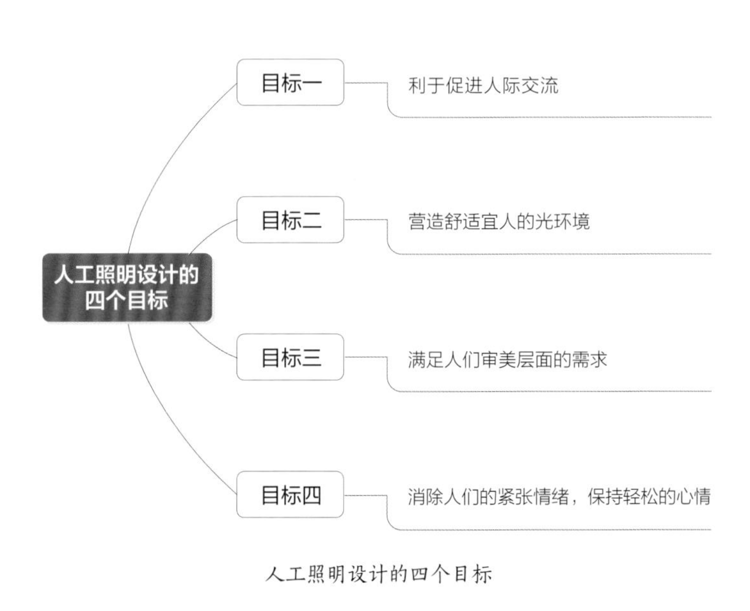

人工照明设计的四个目标

7 人工照明项目的工作流程

照明项目的设计与实施一般包括四个阶段，即方案设计、施工图设计、安装调光、管理维护。

阶段一：方案设计

方案设计主要包括三个步骤，即概念设计、速做空间模型，以及照度计算。

步骤一：概念设计。主要内容为设计师提出总体照明设计理念，进行照明方式分析，并以手绘空间草图或立面图的形式快速呈现。这一阶段的目的主要是将设计师头脑中的想法借助可视化图表展现出来。例如，可以将光环境设计的目标归纳为三个方向，即功能性、节能环保性和环境舒适度，根据这三个目标来绘制光环境设计目标的分析图。

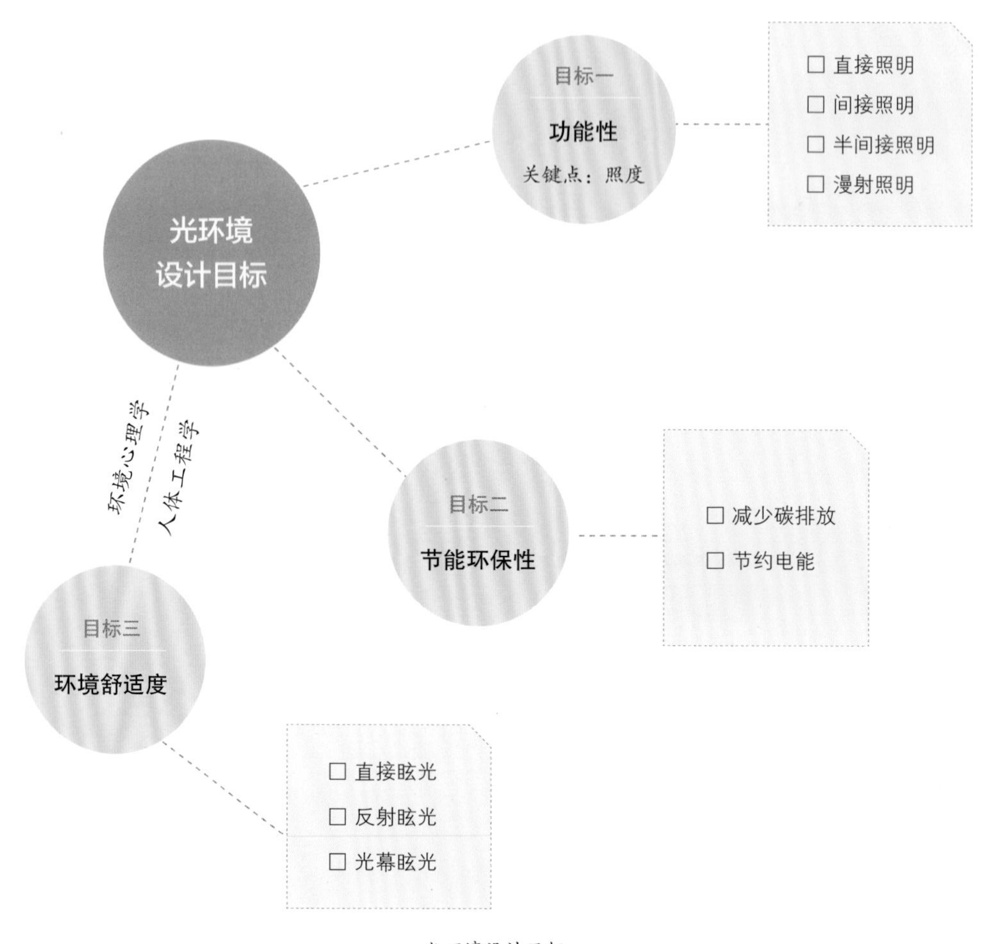

光环境设计目标

步骤二：速做空间模型。分析空间的采光特点以及问题。

步骤三：照度计算。利用照明软件模拟和调整方案，国内外常用的专业照明设计软件包括 AGI 32、DIALux、Light Star、Lumen Micro、Autolux、Inspire。通过照明软件调整设计方案的准确度，是十分高效的工作方式。

备注 在项目实施的过程中，甲方或业主通常在采购灯具和实施照明方案之前，就希望看到最终的照明效果。设计师可以借助专业的照明软件，将理想中的照明效果表现出来，并精确计算出空间照度，分析不同光源的空间利用系数，选择合适光通量的光源，以及调整光源的位置和数量。

阶段二：施工图设计

人工照明项目的图纸绘制与室内空间的其他类型制图一样，需要参考国家建筑、室内、电气工程的设计标准，并根据建筑室内制图规范，使用 AutoCAD 软件绘制照明方案的施工图。

备注 每套照明设计施工图中必须准确地显示如下内容，即照明方案设计说明、灯具采购表、灯具位置、灯具符号注释说明、灯具控制线路分布、开关类型和位置（单控、双控和多控）、总控电箱位置以及特殊灯具的安装节点大样图等。

阶段三：安装调光

在项目进行阶段中，设计师最好将施工图总图改绘成一张整体的调光指示图，以便在现场安装灯具时，和施工人员对照图纸进行沟通。这样做的好处是，可以直观地看到不同空间的照度关系，便于设计师从整体上协调空间各区域的照度分级、色温关系、光斑影响范围等直接关乎光效的重要条件。

备注 虽然在图纸设计阶段设计师已经绘制了灯具安装详图，但就实际施工经验来看，进入施工现场安装调试灯具时，仍需要微调灯具位置、灯头旋转角度、灯具安装与吊顶结构之间的关系等。建议设计师带上灯具性能清单表，并在上面标出每种灯具的光学控制指标、尺寸、光通量、材料等信息。另外，如果灯具与空间结构发生关系，则要带上灯具安装详图。

阶段四：管理维护

当一个照明设计项目进入维护阶段，设计师的工作即接近尾声。由于灯具是易损耗产品，光源的寿命有限，如果设计师在方案设计之初，就考虑到灯具损坏后如何更换光源、灯具的积灰如何清理、开关位置设计等问题，对于甲方或业主而言，便能够极大减少灯具的维护难度和成本。

管理维护阶段的步骤。

步骤一：整理照明产品资料，包括灯具、线路、开关和配电箱的详细资料。

步骤二：确定灯具维护办法，明确管理人员的任务和责任。

步骤三：安全问题说明，制定防火、防水、防触电等安全措施。

步骤四：经济问题说明，核定维护的固定费用、用于清洁和更换的费用。

需要注意的是，照明工程四个阶段的先后顺序不可颠倒，但在做实际项目时，往往会遇到不同阶段中的若干小环节出现穿插、重复的现象。例如，在照明工程的安装阶段，最常遇到需要设计师补充图纸的情况。因此，为了降低多次修改方案图纸的概率，就要求设计师在各个环节上的知识储备和信息整理工作都做得相对完备，只有达到这个标准，每个阶段的工作进展才会更加顺利。

一个高品质的照明工程项目是设计委托方、空间设计师、电气工程师、光环境设计师、施工人员协同合作的结果。虽然方案设计是光环境设计师的核心工作，但设计师从照明工程管理的角度，熟悉照明项目的工作流程，才能更好地与其他专业人员配合。同时，参与一项照明工程的各个阶段，设计师应保存好各个工作阶段的原始数据、设计图纸、灯具清单，在工程验收之时，悉数交给甲方或业主，这样做可以体现出一名专业光环境设计师的职业素养。

思考与巩固

1. 常用的照明灯具有哪些？其距离地面高度分别是多少？
2. 人工照明的方式有哪些？分别具有什么样的特点？
3. 室内照明的布局形式有哪些？该如何应用？
4. 人工照明项目具有哪些工作流程？

第二章

室内光环境的营造手法

室内光环境的营造包含两层含义，一层含义是为空间提供光亮，为生活在空间里的人提供便捷的生活；另一层含义是通过光色、光型、光影和灯饰等变化，渲染空间气氛、装饰房间、美化环境等。随着人们对室内居住环境的精致化追求越来越高，室内光环境的第二层含义也越来越突出。例如，外观精致的吊灯、带有明显光影的射灯，以及光色斑斓变化的灯带等，不仅增加了空间的层次和深度，也使静态的空间生动起来。优美的光环境离不开光的色彩、光影变化、灯具造型等方面的营造。

扫码下载本章课件

一、通过光色营造氛围

学习目标	了解光源中的光色概念，并围绕色温、显色性、光色叠加设计等内容展开。
学习重点	掌握各种光色的特点与应用，以及光色与环境的结合设计。

1 光源的颜色及适用空间

室内空间中有多种照明光源，不同光源具有不同的光色。而光源的光色实际上具有两方面的含义：一方面是指光源所发出的颜色，即人眼看到的光的颜色，这叫光源的色表；另一方面是光源照射到物体上，物体所显现出来的颜色，这叫作光源的显色性。光源的色表和显色性对于形成良好的环境氛围及提升环境的功能具有决定性的意义。

光源的色表与显色性

（1）光源色温分类及适用空间

光源色温分类：光源的色表通常用色温来描述，所谓色温是指一束光源所发出的光的颜色成分，通常分为暖色、中间色和冷色三大类。不同光源的色温能为居室提供多变的氛围，营造出温馨舒适、冷静大气的空间。

光源的色温分类及适用场合

光源种类	卤钨灯、暖白色荧光灯、高压钠灯、低压钠灯	冷白色荧光灯、金属卤化物灯	日光色荧光灯、荧光高压汞灯、金属卤化物灯、HID 灯
色温值	≤ 3300K	3300~5300K	>5300K
色温特征	温馨、柔和（暖白色）	清爽、纯净（中性白色）	寒冷、冷漠（冷白色）
表达氛围	舒适、温暖、安详	明亮、舒畅、轻松	权威、严肃、庄重
适用场所	家居空间中的卧室、餐厅，商业空间中的酒吧、酒店客房等	家居空间中的客厅、卫浴，商业空间中的办公室，及阅览室、实验室等	一般不太适合家居空间，更适用于热加工车间，以及高照度场所或白天需补充自然光的房间等
呈现效果			

光源色彩适用空间：居室的氛围通常都是随着色温及亮度而变化的。例如，餐厅、咖啡馆和娱乐场所，通常会使用色温浓厚的暖色光，如米黄色、粉红色、淡紫色等光线来营造氛围，因为这些光色可以给人带来温馨、欢快、活跃的感觉，提升人们的快乐情绪；对于家居住宅中的卧室、卫浴等空间，人们多喜欢采用微红光源，照在人们的皮肤上，会突出皮肤的温润细滑，带给人一种健康滋润的感觉。

日料餐厅

冷白色荧光灯照射出的光色为白色，对大空间的提亮效果较好。这种光色适合办公室，白光的中间色避免了暖色光带来的昏睡感，可提升办公室内员工的工作效率

敞开式办公空间

带有微红光色的荧光灯，既可为卧室提亮，又渲染了温馨的空间氛围

卧室可采用多种光源搭配的设计方案，营造出多变的色温环境

欧式风格的主卧室

（2）光源显色性及适用空间

光源的显色性：由于人眼对不同波长的光所感受的色调以及视觉舒适感有所不同。对小于 3300K 的暖色调的灯光来说，在较低的照度下可以达到舒适感。而对大于 5300K 的冷色调的灯光，则需要较高的照度才能适应。从视觉心理层面分析，在相同照度下显色性好的光源比显色性差的光源在感觉上要明亮。若采用显色指数较低的光源照明时，应适当提高照度。

常见光源显色指数

光源名称	显色指数 / R_a	色温 / K
白炽灯（500W）	95 以上	2900
卤钨灯（500W）	95 以上	2700
荧光灯（日光色 40W）	80~94	6600
高压汞灯（400W）	22~51	5000
高压钠灯（400W）	20~30	1900
大功率 LED（1W 以上）	70~92	5600

不同光源的选用标准：对于住宅空间而言，在荧光灯的照射下，会呈现出淡淡的冷色调，而室内的家具、墙面也不会因荧光灯的照射而产生明显的色差；相比较而言，汞灯则不适合室内住宅空间，在汞灯的照射下，除了绿色物体外，其他物体都会失去原有色彩。因此汞灯更适合运用在别墅的庭院中，作为绿植的夜间照明。

荧光灯是一种低压汞灯，可最大限度地模拟日光，即使在没有自然光线的空间，也能提供足够的照度

荧光灯照射在黑色的墙面上时，不会改变墙纸的颜色，但会起到提亮的效果

冷峻的后现代风格卧室

庭院的夜间照明采用汞灯来完成，
令绿植原本的色彩得到很好的呈现

庭院夜间照明

（3）不同光源色调的照明效果

光源的色调变化可影响停留在空间内人们的情绪。因此，对于带有不同功能性的空间而言，需要选择合适的光源色调，才能起到事半功倍的光照渲染效果。

光源色调产生的照明效果及适用空间

光源色调	照明效果	适用空间
黄色光	温馨、活泼、愉快	餐厅、客厅、客房、休息室、会议室、舞台
白色光	明亮、开朗、大方	办公室、卫生间、展览厅
绿色和蓝色光	宁静、优雅	庭院、临时休息区
红色光	富有情调、热烈	酒店客房、宾馆

如果我们想要室内空间的气氛活跃、氛围热烈，可以选用各类聚光灯、霓虹灯等，通过强烈的光色渲染空间；如果我们想要营造出艺术氛围，则要通过光线集中的白光射灯，营造出斑驳的光影变化；如果我们想要居室充满浪漫的情调，则要多运用红色光或蓝色光，通过艳丽的色调变化，增添空间的浪漫气息。

黄色光有增进人们食欲的效果，将其照射在餐桌的食物上，可增进人们进餐的愉快感受

黄色光照明下的餐厅

卫生间的面积通常不大，而白色光拥有扩大空间感的效果，配合墙面上的白色瓷砖，可使卫生间看起来宽敞、明亮

白色光照明下的卫浴

庭院属于室外空间，因此对光源的明亮度要求较高，无论使用黄色光或是绿色光作为照明光源，都需采用照度高的光源

黄色光、绿色光照明下的庭院

2 光色在室内环境中的营造方式

在室内光环境设计中，光照与环境是相辅相成，彼此相互影响、相互衬托的。所谓环境，是指室内空间的格局、大小，室内材料对光源的反应，室内陈设布局，以及空间的功能作用等。我们首先需要充分了解环境，然后才能依据环境设计合适的光源和光色。

（1）开敞式空间的光色设计

室内环境中有许多开敞式空间，住宅方面的有客餐厅，商业空间的有会展厅、酒店大厅等空间。这类空间的特点是面积大，中间没有明显的分隔，功能分区不明显。面对这样的开敞式空间，可借助光色的变化，对空间形成无形的分隔，使进入空间里的人们感受到光照环境带来的层次感。

会所的接待大厅及廊道共运用了三种光色，分别是黄色光、白色光以及蓝色光。三种光色将空间无形中分隔为三处区域

蓝色光在白色光和黄色光的衬托下，最易突显出来，成为空间光源设计中的亮点。而将其设计为临时休息区的光源，可增添会所的高雅品位

豪华会所的接待大厅及廊道

(2)材料与光色的搭配

室内材料的质地和颜色与光色的照度之间有着较为复杂的关系。一方面，材料有着吸光或反光等特点，会弱化光照的能力或扩大光照的效果；另一方面，材料本身的颜色会综合灯具照射出来的光色，改变光源呈现出来的效果。

综合来说，当室内运用到石材、金属、玻璃等反光性能强的材料时，配合的光色应减少白色光，增加黄色光，并减少光源的照度，使光色照射在材料表面时不会产生强烈的反光。当室内运用到布艺、木材、油漆等吸光性能强的材料时，则需要多运用强光，光色选择白色光为主，黄色光、红色光、蓝色光等为辅的照明方案。

白色光分布多的空间，需要设计带有光斑的聚光灯，增加空间的光影变化，提升纵深感

布艺沙发、棕色木茶几、亚麻地毯、实木复合地板、原木色木隔断等均为吸光材料，因此全部采用明亮的白色光，以增加客厅的亮度

多为吸光材料的客厅

(3) 陈设饰品搭配点光源

任何一处空间均少不了陈设饰品的摆放，其对环境而言有着画龙点睛的作用。一件精致的工艺品往往体现着空间主人的高雅品位。而将陈设饰品从环境中突显出来的最好办法，莫过于借助明亮、照明集中的点光源。点光源可分为两类，分别是目标点光源和自由点光源。

自由点光源：自由点光源的功能和目标点光源一样，只是没有目标点，人们可自行变换灯光的方向。同样，自由点光源具有上述三种光度（黄色光、白色光、蓝色光）控制光线分布的属性。

自由点光源的光色围绕灯具呈环状展开，不会有明显的光斑，但对周围的陈设饰品有提亮效果

装饰柜上侧的自由点光源

目标点光源：目标点光源可用来向一个目标点投射光线，其光线的分布属性有各向同性、聚光灯和网状三种。

目标点光源有良好的聚光性和美丽的光斑，可重点突出摆设在柜体上的装饰品以及墙面上的装饰画

装饰柜上侧的目标点光源

（4）根据功能分区设计光色

不同的室内环境，其功能划分是有区别的。以住宅为例，客厅的功能是会客、交谈、聚会，光源设计应以明亮、欢快为主；餐厅的功能是进餐，光源设计应以柔和、舒适为主；卧室的功能是睡眠，光源设计应以健康、助眠为主；书房的功能是阅读，光源设计应以静谧、区域照明为主。

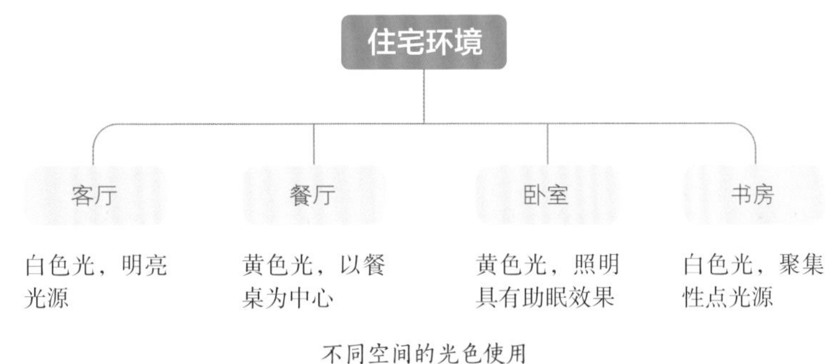

不同空间的光色使用

与住宅不同的是，商业环境中，例如餐厅、会所等空间，会多运用蓝色光、紫色光、红色光等色彩艳丽的光色。而这类强烈的光色可提升环境的设计感，给人一种或梦幻、或绚烂的美感。

蓝色光有着幽暗、静谧的光色，不同于黄色光营造出一种缓慢的进餐氛围。蓝色光在无形中可加快餐厅中顾客的进餐速度，同时又展现出一种强烈的设计感

以蓝色光为主的列车餐厅

3 多种光色的叠加设计手法

光色的叠加效应是光环境艺术处理中必须重视的问题。所谓的光色叠加设计，是指彩色光照射到带有颜色的物体上时，呈现出的光色变化。例如，我们都知道红色物体之所以呈现为红色，是因为日光，也就是白色光照射到红色物体表面，使物体的颜色呈现出来。若光源由白色光改变为红色光，那么红色物体呈现出的红色将会变得更加艳丽和明亮。这就是光色的叠加设计。在进行光环境设计中，设计师必须熟知光色叠加效应给环境带来的变化，避免误入歧途或弄巧成拙。

以红色光为例，当红色光照射到不同颜色的物体上，最终呈现出的颜色变化如下：

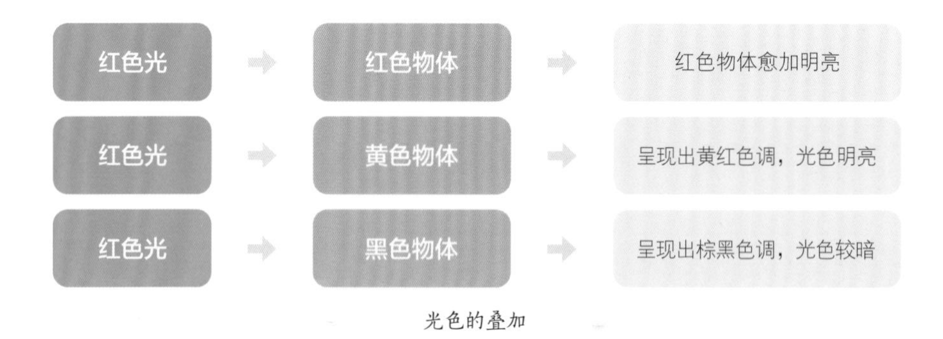

光色的叠加

墙顶和地面只采用黑、红两色，夹杂着白色光、红色光的光源，增加了空间的神秘感，给人一种前卫、时尚的设计感受

后现代风格的公共空间

阅读扩展

光色的互补性

当光色与被照物体的色彩为互补色时，会使两者的色彩相互消失，呈现为无色系。例如，红色和绿色为互补色，当红色光照射到绿色物体上时，被照物体会呈现为某种灰色调。红色和蓝色也存在一定的互补性，因此，当红色光照射到蓝色物体上时，被照物体会变黑。

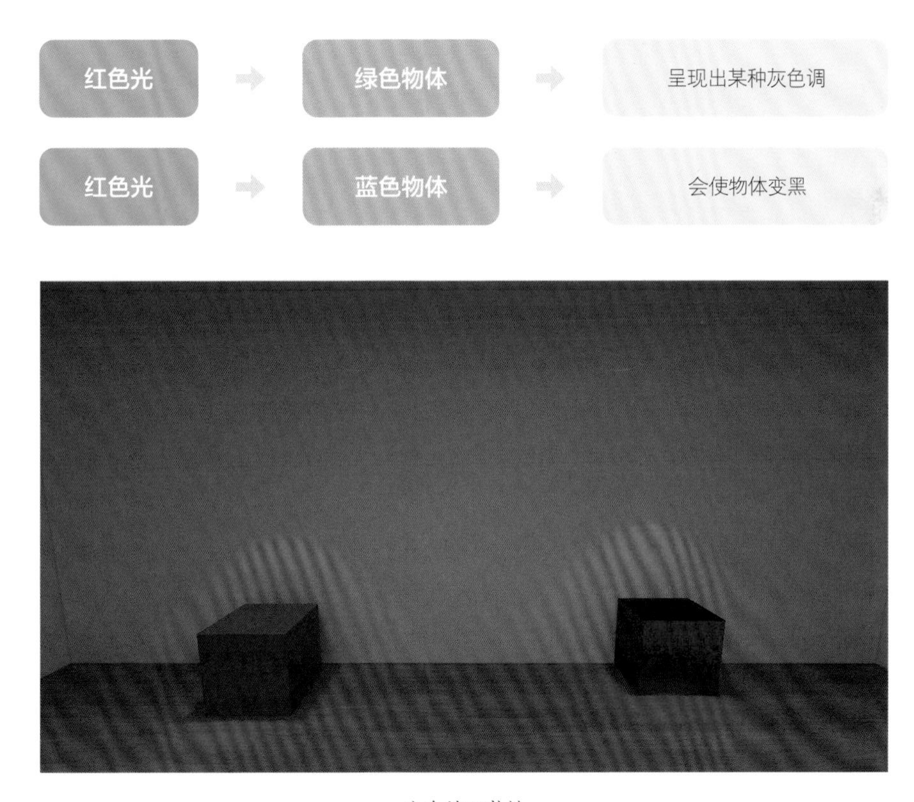

光色的互补性

思考与巩固

1. 光色与环境的搭配，应注意哪几个方面？
2. 不同光色在叠加后，会呈现出什么样的色彩？

二、善用光影增添情趣

学习目标	了解室内光影设计的原理，以及人工照明中的光影技术设计。
学习重点	掌握不同光源类型，以及不同照明方式塑造出的室内光影效果。

1 室内光影设计的原理

光与影本身就是一种特殊性质的艺术。光产生影，影反映光，两者相互依存。自然界的光影效果由太阳和月亮塑造，而室内空间的光影效果一般需要通过灯具布置来创造。在室内照明设计中，应充分利用各种照明装置，将光影效果表现在吊顶上、墙壁上，抑或是地面上。如果再加以色彩、外形上的变化，就能够产生出变幻莫测的视觉效果。

空间角落里的落地灯，在开启时将蝴蝶形状的影子射向墙面，形成斑斓的戏剧效果，使人产生虚幻、新奇的联想

光影作为室内空间光环境设计的要素之一，其作用先是体现在对意境的塑造上，光影效果能够导致人们对某种生活场景产生联想或主观虚构。光影的效果变化是由光强或照射距离等因素的变化导致，呈现出的形态就会或明确、或隐晦，或清晰、或暗淡等。光影设计要具体问题具体分析，因为在有些时候，光影效果的不恰当表达也会给人不好的感受，必要时应采取某种手段控制或削减光影效果。

2 人工照明中影响光影效果的因素

光影相对比较容易变化，例如同一开窗，随着太阳的角度变化，其光影也随之变化。相对自然光影的变化而言，人工照明塑造出的光影更加具有可控制性。

人工照明中影响光影效果的因素

影响因素	影响内容	表现方式
光强	光影明暗	◎ 光强越强，光影越暗 ◎ 光强越弱，光影越亮 ◎ 当某透射方向的光强消失，则其对应方向的光影消失（原光影处亮度与周边亮度相等）
光通量	光影虚实	◎ 光通量分布范围越小，光影越清晰，如投光灯 ◎ 光通量分布范围越大，光影越模糊，如泛光灯
照射距离	光影辐射面积	◎ 光源与被照物的距离越大，光影的辐射范围越小 ◎ 光源与被照物的距离越小，光影的辐射氛围越大
照射角度	光影形状	◎ 光源位置的上下、左右、前后移动会产生不同的光影效果，尤其对不规则形体更为明显 ◎ 大角度照射产生的投影被拉得纤长，其面积远远超过了物体本身，引导人们更加关注物体影子的形态

3 营造光影效果的四种手法

光影在室内空间因素的影响下可以产生不一样的艺术效果，以此来达到丰富室内空间意境的目的。光源、遮挡物以及投射面的类型等同样可以操控室内光影的形态和虚实，为室内空间营造出各种风格的意境。

（1）通过不同光源类型塑造光影效果

由于光源有大有小，大到可以漫射出没有边际的光线，小到可以是一个针点的光线，因此不同的光源类型会产生出不同的效果。眼下一些新型的光源包括光纤、LED灯组成的光带、光环、光池、光圈，为室内光环境设计提供了极为丰富多彩的场景照明。另外，当空间中的光源分布相对集中时，容易形成鲜明的亮度对比以及清晰的阴影轮廓，可以使人们感受到更具立体感和层次感的空间；而当空间中的光源分布比较分散时，则会形成比较柔和与模糊的光源效果，使人们感到空间的平静和素雅。

↑ 通过不同光源的设计形式，可以产生丰富多样的光影效果

（2）通过不同的照明方式塑造光影效果

直接照明方式会导致物体的投影轮廓清晰、密度大，更易于表现物体的厚重感，甚至会给人们带来严肃、凝重的视觉感受。而间接照明方式或漫射照明则会导致物体的投影轮廓模糊，颜色较浅。这是因为光线从不同角度射向物体，令物体各角度的细节均清晰可见，给人们带来轻盈、通透的视觉感受。

↑ 博物馆中采用了间接照明结合漫射照明的方式，使照射在展品上的光影均匀而柔和，可以令参观者清晰地看到展品的各个角度

↑ 桌面上的摆设在吊灯带来的直接照明中，形成了较重的光影

（3）通过遮挡物塑造光影效果

当空间中的光线受到物体阻挡时，光影即存在。设计师可以利用物体（遮挡物）本身的造型进行光影设计，所投射光影的造型会与物体相似，两者相称或交织，空间会变得意味深长。设计师也可以利用物体（遮挡物）的质感或色彩因素对光影进行设计，如物体本身略有一定的透明度时，空间中即会有淡淡的、具有一点颜色的透射光，整个空间的氛围和意境显得虚幻而含蓄。

↑ *橱窗中的内置光源透过玻璃砖，将光影透射到空间中的墙面、地面和顶面上，形成了影影绰绰的视觉效果，令空间意境含蓄、幽深*

（4）通过投射面塑造光影效果

光影只有在投射面上才能得以呈现，这种投射面或是空间界面，或是物体表面。灯光的照射赋予了空间界面或物体表面除了本身造型、颜色或肌理外的更多变化，且能够造成虚幻的视觉效果和美感。尤其是投射的表面本身具有一定的颜色或肌理，则此时的光影效果会更加具有丰富感及生命力。例如，落在粗糙投射面上的影子形态模糊，落在光滑投射面上的影子清晰；落在不透明界面上产生的影子实在，落在半透明物体上产生的影子会具有重影效果。

↑光源透过彩色灯罩，在墙面上形成了五彩斑斓的光影，极具艺术效果

小贴士

若想突显物体的体积感，可以使用直接照明方式的聚光灯，在物体上形成较深的暗区，同时形成厚重的投影；若想突显物体的细节和坚硬的质地，则可以在物体上方的四周增加多个聚光灯，如同在手术台上安装了一个无影灯，展品的影子几乎不可见。总之，使用泛光灯或多个聚光灯的目的是减少物体投影的面积，降低投影的密度，使得物体更显通透，使人看到物体更多的细节。

思考与巩固

1. 人工照明中影响光影效果的因素有哪些？其表现方式如何？
2. 在照明设计中，可以通过哪些手法来塑造光影效果？

三、变化光型强化视觉

学习目标	了解光型的概念，以及理解其存在的意义。
学习重点	掌握光型塑造的方法，并能够加以实际运用。

1 认识光型

光型即用灯光造型，一般是采用直射光线使被照物体产生三维状态的立体感，或突出趣味中心，或形成光雕艺术，使人们的视觉更完整、真实、丰富。

（1）光型的意义

在照明设计中，光与造型是其中的一个重要因素。所谓造型，包含两层意义。

① 指光与某些三维物体共同构成的光造型，显示的是经过艺术处理后的造型立体感。

② 光对环境空间中的特定造型产生一定程度的影响，可以根据具体情况突出或遮蔽某些特点。

备注 照度、光影、高光等均需要根据物体性质和处境进行巧妙处理，同时也要考虑照明对物体的作用方式，只有这样才能创造出具有立体感的造型和空间。

→ *星芒形的装饰灯具投射出来的光，在墙面形成了与其形状类似的光造型，带来个性化与艺术化并行的空间氛围*

在进行灯光设计时，照明的光线可以弱化或强化空间造型，与此同时，灯具的光影效果或空间造型的光影效果，也能在空间中形成一定的层次感和韵律感。此外，对于空间中的统一造型，也可以利用不同色调的光照营造一种良好氛围，起到装饰照明效果的同时，使人产生不同的心理感受，这种类型的室内灯光与造型相结合在一定程度上形成了变幻莫测的室内照明景观，冲击着人的视觉感官。

（2）光型塑造的方法

光可以随着空间形态的变换而变化。例如，光在方形的空间中，会被认为是方形，在圆形的空间中，会被认为是圆形。由此可见，设计师可以用一些方法来雕刻光的造型。

利用镂空图形的界面塑造光型：最为普遍的光型塑造方式，优点是易于控制光的形态，可以创造出图案精细的光斑。

利用灯具形态塑造光型：可以利用 LED 灯或柔性霓虹灯制作不同形态的发光体，这种光型塑造方式简单、易行，不受建筑结构的限制。但其局限性在于形态会受到灯具造型的限制，主要以点和线的艺术形式而存在。

利用透光或导光材质塑造光型：可以将光源置于透光材料制作的灯罩之中，可以为空间提供柔和、均匀的光环境。也可以在导光材料上刻画图形，由此来塑造光的造型。

↑ *砖墙之间形成的缝隙，可以令光线透射出来，在地面形成别具一格的光斑效果*

↑ *利用 LED 灯打造的五彩霓虹长廊，形成梦幻般的视觉效果*

↑ *利用导光材料刻画出英文字母图案，再利用 LED 灯进行透射，创造出具有艺术感的作品*

2 利用光型营造出立体感

在光环境设计中，设计师不论是利用光来增加物体的立体感，还是削弱物体的立体感，只要能达到设计目标均可行。在具体设计时，设计师可以利用以下方式来改变光环境中物体的立体感。

改变物体周围光源的位置：如果光源全部聚集在作业面的一个方向，或者均匀分散在各个方向，均不利于塑造物体的形象。最好通过主光源与辅助光源相结合的方式，来塑造出被照物体的立体感。

调整各方向光源的照度比值：一般需要调整作业面的照度、环境照度和辅助光的照度。例如，受光面的照度与辅助光的照度比值为 4 : 1，如果将环境的照度调整为受光面照度的 30%，物体的立体感就会增强。

↑ 主光源来自工艺品的正前方，与工艺品后方墙面上的灯带共同形成多样化的光环境，加强了工艺品的立体感

↑ 空间的环境光为间接照明，配合安装在大厅柱头上的多个射灯防止产生直射眩光。因此，雕塑的面部额头最亮，抬起的右手臂亮度次之，右腿离光源较远，所以较暗。这种灯光设计手法，打造出了与户外阳光相近的光照效果

不同建筑空间光型立体感的塑造方式

建筑空间	概述	图示
展陈空间	如美术馆、博物馆的灯具布置非常灵活，为了将展品的最佳状态表现出来，设计师可以通过增加或减少灯具，增强展品的立体感	
餐饮空间	为了让顾客在进餐过程中保持愉悦的情绪，除了在餐桌上放置灯具，照亮顾客的面部外，还应在餐桌之间安排一些灯具，为顾客面部提供辅助光，塑造出更有立体感的面部表情	
专卖店	应注重光线对顾客面部和体态的塑造，若因为光线设计不当，造成顾客从镜子里看到苍白的脸与平平的身材，消费热情自然会降低。如果设计师将顾客当作展品一样来塑造其立体感，则会使光成为一种潜在的促销手段	

物体的立体感是否突出，取决于在光环境中物体的受光面、背光面和投影之间的明暗比值。明暗比值越大，人们所看到的物体立体感越强（三维化）；明暗比值越小，人们所看到的物体越趋于平面化（二维化）。由此可见，光成为塑造物体立体感的前提，没有光，物体的立体感塑造就无从谈起。

3 光型设计中的虚和实

建筑室内环境中一般都会塑造出一个视觉中心或是趣味中心，合理的灯光照明可以达到事半功倍的效果。例如，对室内环境中需要突出的地方、物品，采用亮度极高的重点照明；而对次要的地方、物品，尽量削弱、隐藏灯光。这样做的目的是令空间产生虚实变化，以突出中心的感觉，获得良好的室内艺术照明效果。

↑在挑高的客厅中，悬挂大型帘珠灯形成视觉中心，其产生的光影在墙面形成虚实效果，具有趣味性

4 灯光雕塑的艺术手法

灯光雕塑简称“光雕”，是利用玻璃、塑料等透明或半透明材料制成灯具，从内部或外部进行照射而形成的发光雕塑体。由于雕塑体具有不同的形态，如各种动物、植物、图案等，因而产生了丰富多彩的画面和景色。另外，由光束构成的空间雕塑，也可称为光雕，是光学技术与现代抽象艺术相结合的产物。例如，在照度低的大型空间内，可以制作一种“发光雕塑”用来控制、调节整个空间的气氛，使人们产生神奇的联想。

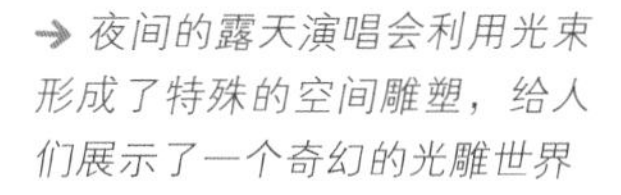
→ 夜间的露天演唱会利用光束形成了特殊的空间雕塑，给人们展示了一个奇幻的光雕世界

→ 我国北方的冰雕艺术，其内部安装了可以产生彩色灯光的灯管，外覆冰块，构成了一种特殊的透明灯具，形成绚丽多彩、似梦如幻的环境氛围

思考与巩固

1. 光型塑造的方法有哪些？如何利用光型营造出立体感？
2. 光型设计中虚实效果该如何呈现？

四、材料对光环境设计表现力的影响

学习目标	1. 了解不同材料对光环境设计表现力的影响。 2. 了解室内空间常用的饰面材料反光系数值。
学习重点	掌握不同材料对光环境设计表现力的影响，并能够加以实际运用。

1 材料对光环境设计表现力的影响

光可以展现出材料独特的视觉形象，光的神奇之处还在于把材料发挥出意想不到的视觉效果。例如，不锈钢、抛光石、镜面玻璃等这些高反射的材料，可以倒映出物体和光线，体现出华丽、通透的艺术效果和视觉感染力。而表面具有粗糙纹理的材料，如毛石、织物等，通过与灯光的结合可以产生柔和的质感。

（1）木材与光环境设计

由于天然木材的特性之一是肌理走向非常明确，表面一般需要经过比较细致的打磨才能保证使用时的安全。另外，虽然天然木材颜色众多，但总体来说绝大部分属于暖色系，所以对天然木材的照明宜选用色温偏低的光源，这样更能强化木材的色泽，同时更易于拉近与人的距离。

① 在照明时可以采用正面投光的方式，以打亮整个空间。

② 如果是采用大入射角投光，即掠射的方式。其主要的效果是可以产生光斑。

③ 木材表面使用清漆涂刷会产生一定的光泽度，因此对于表面涂有高抛光材料的木材，在布光时要考虑镜面反射因素，防止产生眩光。

↑ 室内空间在白天以黑色和灰色为主，体现出冷硬的工业感。夜幕降临时，开启灯具之后，暖色的光线照射在地板上，形成温暖感十足的橙色光晕，令原本较暗的空间显得温馨起来

（2）石材与光环境设计

石材是比较常用的面装饰材料，应用范围广泛，其材质表面对光照效果可以产生直接影响。因此常通过对石材表面的加工效果来分析光照特点，而忽略色彩等其他外观因素产生的影响。

不同类别石材的光环境设计要点

类别	特点	图示
镜面石材	◎表面平整，有镜面光泽，反射特性以定向反射为主 ◎适合一些特定场合，如机场这种人流量极大的场所，大面积使用镜面石材作为地面，易于清洁，且人会有高效的心理感受 ◎要慎重考虑空间照明方式，由于镜面反射不可避免，就应尽量隐藏灯具和光源，降低在石材上形成亮斑，以及产生混淆视觉的可能性	↑ *慕尼黑机场 T2 候机厅的地面为镜面石材，虽然有少量影像，但由于灯具和光源的隐藏，没有形成过多的视线干扰，且形成了高效感*
细面石材	◎表面平整、光滑、光泽度较小，反射特性主要是漫射，多用于各种内外墙面和地面 ◎由于材质自身凹凸质感不强烈，适宜近距离、远距离、多种入射角度的多种照明方式。如为一平面，可以考虑正面均匀投光，远距离可以整体打亮，近距离可以产生均匀的由亮变暗的光晕 ◎一般根据石材本身的色彩选取光色；若要给人以亲近感，宜用暖色光	↑ *西班牙萨莫拉某办公建筑的外墙面采用细面石材，在建筑内暖色光的映照下，显得分外亲和*
粗面石材	◎表面平整但粗糙，有较规则且明显的加工花纹，人工痕迹非常强烈，主要反射方式为漫射，多用于内外墙面 ◎这类材质，如果从正面进行大面积投光，会削弱板材自身的凹凸质感，形成平面化的效果；但若以较大入射角投光，则能强化表面凹凸的质感效果	↑ *2016 年威尼斯建筑双年展中的“犰狳形拱顶”为粗面石材打造，在灯光的映照下，石材的纹理更加鲜明*

（3）玻璃与光环境设计

玻璃是在建筑空间中使用最广泛的材质之一，其突出的特点就是透光性。玻璃无论是在建筑外立面，还是室内空间中，均比较常见。

用于建筑外立面的玻璃：常见镀膜玻璃，在考虑其与光照的关系时，可以结合建筑内部空间的类型来进行。若建筑内部为大空间，如门厅、中庭共享空间等，可以直接将整个空间内的墙面、楼梯等室内构筑物打亮，即可形成向外透光的效果。而对于居民楼、写字楼、酒店这类由大量小空间组成立面的建筑，可以利用室内的灯光照明作为内透光，在晚上不熄灯，光线向外透射，在晚间随机而自由的光线从窗户倾泻出来，使城市富有生气。另外，若建筑的外立面玻璃幕墙内部有钢架、桁架等，可以将这些精巧的结构体系用投光灯打亮，表现出通透、精致的结构。

↑ 上海广场的门厅采用内透光形式，将玻璃幕墙形成的外立面打造成引人注目的焦点

↑ 悉尼商业区的夜晚一派生机勃勃的景象，这得益于室内光线通过玻璃窗的外透效果

↑ 法国卢浮宫通过照亮其内部桁架的形式，令整个建筑在夜晚散发出耀眼的光芒

用于室内空间的玻璃：常见平板玻璃，主要用于制作玻璃展示柜，来表现通透性的围合。在设计时，应考虑展品和周遭环境的亮度差，必须拉开到一定程度才能保证观赏效果。由于玻璃展柜内的展出物品亮度要远高于周围亮度，同时又要考虑过高的亮度对展品会产生负面影响，所以在进行照明设计时，可以采取降低环境亮度，而相对提高玻璃展品侧亮度水平的照明策略。除了平板玻璃，室内常用的玻璃种类还有磨砂玻璃和裂纹玻璃。其中，磨砂玻璃由于表面的凹凸起伏，而加大了对光线散射的程度，使光线在穿过时发生漫透射，起到遮蔽作用，在一侧可以看到另一侧物体比较清晰的轮廓。在磨砂玻璃的磨砂侧，对光线能起到比较好的承载作用，不会有清晰的镜面反射。对磨砂玻璃的照明方式可以考虑以较大入射角在较短距离内透射。裂纹玻璃则是使钢化玻璃产生裂纹，然后夹在两块普通平板玻璃中制作成的，多用于室内作为装饰性隔断。由于形成的裂纹面与玻璃表面垂直，当以较大入射角度一侧投光时，裂纹面是比较直接的受照面，会比较亮，而且其亮度会随着远离光源而逐渐降低，有退晕的感觉。

↑ 利用平面玻璃围合的展示柜，在其内部设置照明设备，以照亮物品

↑ 新加坡机场中的玻璃桥材质为磨砂玻璃，内部悬吊的灯具点亮后，令整座桥体通亮，也成为站台区的主要照明

↑ 裂纹玻璃用于室内隔断，具有一定的装饰性，也令空间显得更通透

（4）金属与光环境设计

金属是可作为墙面装饰的重要建筑材料，被广泛地用于建筑外部，在建筑立面上常大面积出现。同时，金属也被多样化地运用于室内空间。金属与照明效果直接相关的因素是其表面特征，主要分为低光泽度、高光泽度和特殊效果的金属饰面。

不同类别金属的光环境设计要点

类别	特点	图示
低光泽度金属饰面	◎以冷轧钢板、镀锌钢板或铝合金板为原板，板面经氧化或涂漆处理，最终形成本色或彩色的板材 ◎形成的表面平整光滑，有一定光泽度，又不会过于强烈 ◎可采用投光的方式照明，且比较适合在一定距离内，以中等或较小入射角从正面投光，来照亮墙体 ◎若照明光源过于贴近材料，会在其表面产生一定镜像，若光源亮度较高则会引发眩光	← 由于洗手台面的材质为低光泽度的金属饰面，在进行照明设计时，应将隐藏式可调暗的荧光灯管安装在洗脸台下方，以避免因光源直射导致金属台面形成反射
高光泽度金属饰面	◎不宜对其进行直接照明，而是需要通过提高周围的环境亮度来提高其表面亮度 ◎在室内运用此类金属板时，要注意它们是否在无意中成为二次反射面，而不慎将原本隐藏于内的灯具映射出来	↑ 德国中央合作银行中的雕塑作品，其外表面的材质为高光泽度金属板，在进行布光时，依靠其对周围的反射，使整个空间变得明亮
特殊效果金属饰面	◎包括有质感的铜板、有锈迹的金属板等，其色彩层次比较丰富，工业化感觉不强 ◎一般这类金属板表面比较粗糙，无强烈的镜面效果，既可以出现在外墙面，也适用于室内	↑ 顶面利用钛板仿照丝带的造型，以坚硬的金属感展现柔软、灵动的质感；再将白色吊灯从“丝带”中悬挂露出，整齐的排列顺序与随意的“丝带”造型形成了对比

（5）清水混凝土与光环境设计

清水混凝土的色彩决定于所用的水泥颜色，通常为无彩色，只是有深浅不同之分；表面质感则取决于其原材料配比和不同的模板浇灌脱模工艺，最终表面效果可以很平滑，也可以是较粗糙的，可塑性极强。由于清水混凝土的以上特点，对其使用的照明方式也有多种选择。由于其本身颜色多种多样，可以深而冷，跟人有距离感；也可以浅而暖，平易近人。故对光源的色温要求也不是一定的，选择余地比较大。

① 可以采用远距离大面积投光，也可以选用突出表现其粗糙质感的大入射角投光方式。

② 对于大面积的清水混凝土墙面，可通过有韵律感的光斑增加其生动性。

→ 墙面是清水混凝土材质，通过安装在地面的灯具照亮走廊，光源选用了低色温的光，暖黄色的光线照在粗糙的清水混凝土墙面上显得生动、自然

(6)各类涂料与光环境设计

涂料的造价相对低廉，色彩丰富，在室内应用比较广泛。在以涂料为装饰材料的空间中进行照明设计时，应主要考虑两个方面的因素，一是不同的颜色，二是涂料表面的粗糙程度。对于色彩的表现主要要求显色性良好的光源。而从涂料表面的粗糙程度来说，室内住宅大多会采用光滑的表面，但也有一些住宅中采用了较粗糙的涂料墙面，以避免出现灯具影像和眩光的问题。在进行照明设计时，具有一定粗糙程度的墙面上，可以利用在小角度直射光的掠影下投光塑造有韵律的光斑，也可以进行正面投光，或者作为间接照明的二次反射面。

← 带有肌理感的餐厅墙面，有效避免了眩光的产生。同时，金属灯具所散发出来的光，反射到墙面上形成淡淡的光晕，给人一种装饰品的错觉

2 室内空间常用的饰面材料反射系数值

不同材质表面的反射系数不同，若想得到比较理想均匀的照度，应了解不同材质的反射系数值，根据材质所要表达的纹理效果，给予其不同的照度和照射方向。

室内空间常用的饰面材料反射系数值

序号	材料	分类	反射系数
1	石膏	—	0.91
2	大白粉刷	—	0.69 ~0.8
3	白水泥	—	0.75
4	水泥砂浆抹面	—	0.32
5	一般白面抹灰	—	0.55 ~0.75
6	白色乳胶漆	—	0.84
7	红砖（旧）	—	0.1 ~0.15
8	红砖（新）	—	0.25 ~0.35
9	灰砖	—	0.23
10	釉面砖	白色	0.8
		黄绿色	0.62
		粉色	0.65
		天蓝色	0.55
		黑色	0.08
11	无釉陶土地砖	土黄色	0.5
		朱砂	0.19
		浅蓝色	0.42
		浅咖啡色	0.31
		深咖啡色	0.2
		绿色	0.25
12	大理石	白色	0.6
		乳色间绿色	0.39
		红色	0.32
		黑色	0.08
13	水磨石	白色	0.7
		白色间灰黑色	0.52
		白色间绿色	0.66
		黑灰色	0.1
		黄灰色	0.69

序号	材料	分类	反射系数
14	调和漆	银灰	035 ~0.43
		深灰	0.12 ~0.2
		湖绿	0.36 ~0.46
		淡绿	0.23 ~0.29
		深绿	0.07 ~0.11
		粉红	0.45 ~0.55
		大红	0.15 ~0.22
		棕红	0.1 ~0.15
		天蓝	0.28 ~0.35
		中蓝	0.2 ~0.28
		深蓝	0.06 ~0.09
		淡黄	0.7 ~0.8
		中黄	0.56 ~0.65
		淡棕	0.35 ~0.43
		深棕	0.06 ~0.09
		黑	0.03 ~0.05
15	塑料贴面板	浅黄色木纹	0.36
		中黄色木纹	0.3
		深棕色木纹	0.12
16	塑料墙纸	黄白色	0.72
		蓝白色	0.61
		浅粉白色	0.65
17	胶合板	—	0.58
18	广漆地板	—	0.1
19	菱苦土地面	—	0.15
20	混凝土地面	—	0.15 ~0.2
21	沥青地面	—	0.1 ~0.15
22	铸铁、钢板地面	—	0.15
23	浅色织品窗帷	—	0.3 ~0.5

思考与巩固

1. 木材与光环境设计的要点有哪些？
2. 不同类别的石材在进行光环境设计时有哪些异同之处？
3. 用于建筑外立面和室内空间的玻璃类型分别是什么？在进行照明设计时有哪些要点？
4. 不同类别的金属在进行光环境设计时有哪些异同之处？

五、挑选灯具装饰空间

学习目标	建立运用灯具装饰空间的思维。
学习重点	1. 掌握不同风格类型灯具的特点，并能熟练地进行空间装饰。 2. 掌握灯具造型创新的原则与手法。

1 善用灯具突显室内风格

在使用灯具进行室内装点时，应令灯具融入空间，创造出和谐的室内环境。通常情况下，不同的灯具造型可以在一定程度上反映出室内空间的装饰风格，对室内设计起到画龙点睛、锦上添花的作用。

现代风格灯具的特点：常采用金属、玻璃及陶瓷制品作为灯架，造型上多为几何图形、不规则形状，在设计风格上脱离了传统的局限，以完美的比例分割，自然、质朴的色彩搭配来体现风格特征。

中式风格灯具的特点：中式风格的灯具强调古典和传统文化神韵的再现。图案多以如意、龙凤、京剧脸谱等中式元素为主，其装饰多为镂空或雕刻的木材，宁静而古朴。

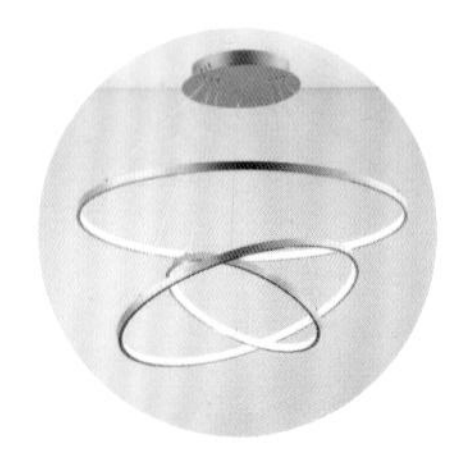

←金色的环形吊灯，造型简洁，充满时尚感，突现出空间的现代主义设计思路

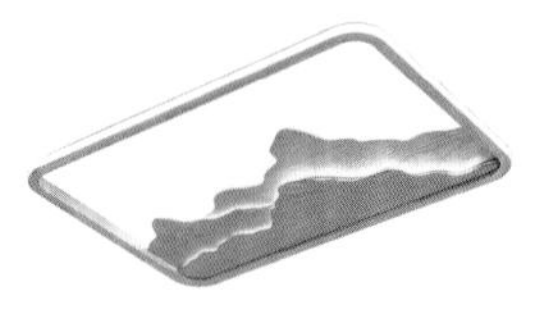

←将山水图案融入灯具设计中，创意十足

欧式风格灯具的特点：欧式风格的灯具最常见铁艺枝灯，装饰水晶吊坠、烛台等，体现出华丽感和精致感。

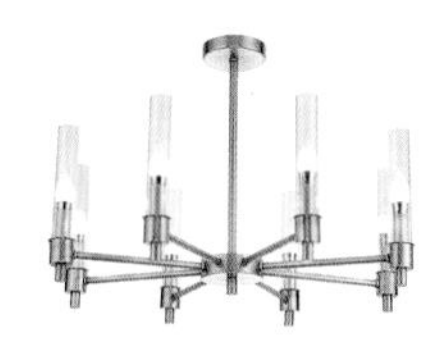

↑金色支架的烛台吊灯精致、纤巧，增加了空间的品质感，也提升了室内的欧式风情

阅读扩展

艺术化特征浓郁的灯具

还有一些具有设计风格的灯具，其特点是造型具有艺术化特征，能够提升室内空间的档次和品位。

/ 设计师 /

阿纳·雅各布森（丹麦）

/ AJ 系列灯具 /

适用于北欧风格、现代风格的居室

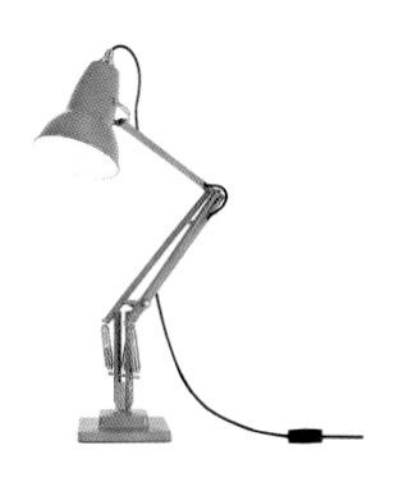

/ 设计师 /

乔治·卡沃丁（英国）

/ Original 1227 系列 /

适用于现代风格、北欧风格、工业风格的居室

/ 设计师 /

乔治·尼尔森（美国）

/ Nelson Bubble Lamps 系列 /

适用于现代风格、自然风格的居室

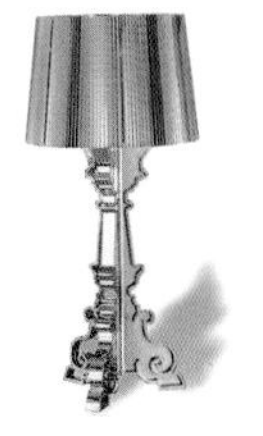

/ 设计师 /

费鲁齐奥·拉维阿尼（意大利）

/ Bourgie 台灯 /

适用于简欧风格、法式风格的居室

2 不断创新的灯饰造型

如今，人们不仅要求灯具产品和环境相适应，更要确保其整体外部形态的构造符合和谐性的原则。灯具的造型设计既应该遵循一般造型艺术中具有普遍意义的法则，同时也要具有与自身功能要求、技术特性相适应的特殊性，并表现出极其丰富的多样性。只有在灯具造型的设计中追求艺术性与科学性的有机结合，才能保证在用光的前提下，给人以美的艺术享受。

（1）灯具造型创新的手法

几何造型方法：指设计师对一些原始的几何形态做进一步的变化和改进，如对原型的切割、组合、变异、综合等造型手法，以获取新的立体几何形态。

↑ *由荷兰设计工作室 Os & Oos 设计的系列灯具，结合了圆形、方形和三角形等几何元素，体现出极强的现代感。同时，将线性照明组件与铝浇铸底座的融合，使其看起来更像混凝土的材质，非常具有艺术性*

↑ *采用圆形进行切割，然后重新组合的方法，构成了时尚、新潮、艺术的视觉效果*

仿生造型方法：指研究自然界的物质和生物体的外部形态及象征寓意，通过相应的艺术处理手法将其应用到设计之中。在运用仿生的造型手法进行灯具的形态设计时，应根据灯具的特点、材料以及生产技术等因素进行综合考虑，避免灯具形态只能停留在设计图纸上，而不能成为产品。

备注　在灯具造型的设计中既可以仿自然物的形态，又可以仿其神态；既可以整体仿生，也可以局部仿生。

↑ 灯罩部分的造型为云朵，灯架部分的造型为闪电，灯具运用自然界中的气象现象作为创造灵感，新奇、有趣

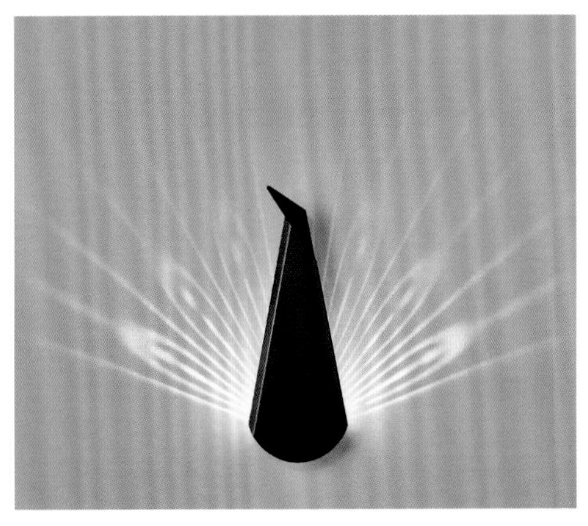

↑ 整个灯具的设计创意十足，灯光关闭时，是一个小巧的几何形态壁灯，灯光开启时，仿若一只开屏的孔雀，富有趣味性

↑ 将自然界花开花落的现象作为灯具造型的创作灵感，灯光关闭时“花瓣”闭合，灯光开启时“花瓣”盛开，为居室带来与众不同的视觉体验

(2)灯具造型创新的时代要求

遵循绿色、环保的理念：随着时代的进步，在灯具的设计方面，人们不仅对其功能有不同的要求，也更加注重运用绿色环保材料来体现。成功的“绿色灯具设计”不仅是一种风格的表现，还源于设计师对环境问题的敏感与重视，并运用相关的知识和经验，将这种思维表现在产品的创造性设计与研发之中。

↑ 由以色列设计师阿迪•什皮格尔（Adi Shpigel）和凯伦•托默（Keren Tomer）设计的灯具，采用废弃的木屑作为材料，创造出圆润的灯具外罩，搭配木质灯架，体现出绿色、环保的设计理念，同时带来了温馨的效果

符合高科技化的产品诉求：由于现代化科技水平的不断提高，令人们对灯具造型的体现有了新认识。通过将灯具造型与高科技化相结合的设计理念，令灯具本身不仅能满足日常生活所需，还能满足社会节能、减排、自动化的发展需求。同时为消费者带来独特、新颖的视觉享受，让人们真正享受高科技带来的便捷性。

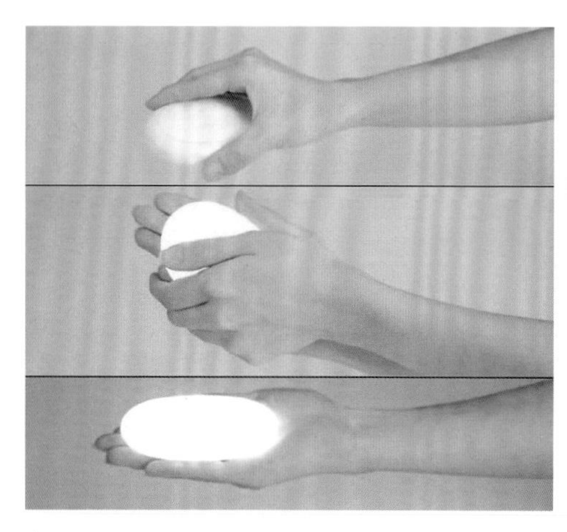

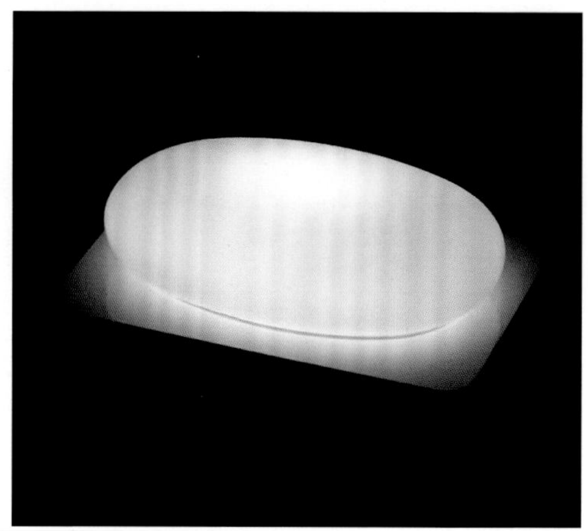

↑ 这款香皂式的灯具不仅创意十足，而且方便随身携带。灯型是环保的 LED 节能光源，灯饰内部藏有传感器，使用者可以通过触碰、抚摸“香皂”，从而改变“香皂”灯的亮度

体现出产品的多功能性：由于新技术、新工艺的不断更新，促使灯具的功能日益完善和多样化，令灯具不仅为家居生活增加了色彩，而且在外观造型设计上体现出了时尚潮流，甚至除了基本的实用功能外，还可以满足不同领域的更广泛需求。

→ *将花束与花瓶的概念融入灯具设计之中，在满足功能性需求之外，装饰效果极佳*

追求艺术化和人性化：现代社会中，人们对灯具的艺术美感和人性化设计有了新的市场需求。例如，消费者在选择灯具时，不仅会全面考虑照明的效果，也会考虑灯具为家居空间营造出的氛围，以及在使用时的舒适度等因素，这些选择条件均体现出人们的心理审美方面的需求。

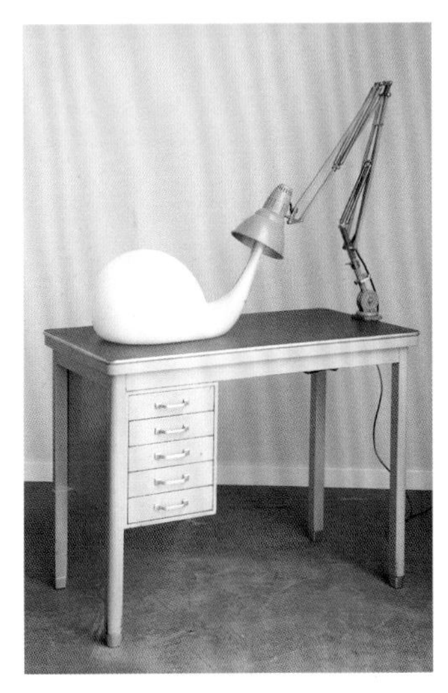

↑ *由荷兰设计师皮克·伯格曼（Pieke Bergman）设计的灯具，采用一个类似于透明大水袋的灯泡造型作为灯具的发光体，这种夸张的设计形式，赋予了灯具幽默感与新奇感*

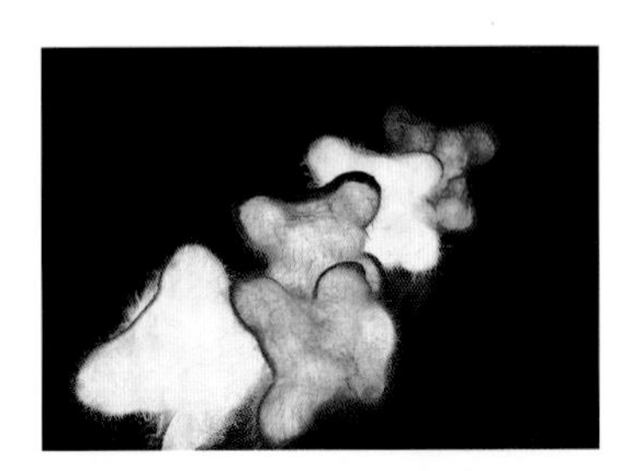

↑ *这款抱枕灯具内部放置了 LED 环保发光体，即使长时间使用也不会发烫，使用方便的同时，也更加贴近人们的生活，使人与人之间的交流变得亲近起来*

阅读扩展

灯具造型的演化

灯具造型设计与工艺的演变受到人类社会发展的深刻影响，不同历史时期的灯具各有千秋。

上古时期

陶豆灯（上古时期）

类似陶制的盛食器“豆”，上盘下座、中间以柱相连，是中国油灯的基本造型

春秋至两汉

长信宫灯（西汉）

由于冶铁技术进步，灯具造型迅速发展，造就青铜灯具盛行的时代

魏晋南北朝

铭熊灯（三国）

瓷灯盛行，灯具造型除了平面装饰外，立体的动物、人物造型较为多见

隋唐

实用性灯具盛行，皇宫中集照明和装饰双重功能于一体的彩灯（宫灯）迅速发展

白瓷灯（唐）

宋

流行的灯具为省油灯（夹瓷盏）。各种材质的灯具造型更优美、装饰更华丽

影青莲瓣纹省油灯（宋）

明清

青花和粉彩油灯成为时尚。灯具在装饰上的一大特点为通体遍布各种花纹

粉彩团龙纹皮灯（清）

中国古代灯具造型的演化

早期探索阶段（19 世纪 80 年代~20 世纪初期）

反对纯艺术，装饰上推崇自然主义，强调设计忠于材料和适应使用目的

路易斯·康福特·蒂芙尼（美国）

初期发展阶段（20 世纪初期～40 年代）

包豪斯设计盛行，灯具带有理性特点，且功能性佳，具有人性化的创造精神

玛丽安·布兰德（德国）

高速发展阶段（20 世纪 40 ～60 年代）

新材料的产生和新工艺的研发，灯具设计高度发展，其核心是功能主义

沃森（美国）

多元化设计阶段（20 世纪 60 年代至今）

材料呈现多元化，且运用丰富的造型语言，象征、隐喻、仿生等手法层出不穷

理查德·萨帕（德国）

西方现代灯具造型的演化

思考与巩固

1. 不同装饰风格的灯具分别具有什么特点？
2. 灯具造型创新的手法有哪些？

第三章 室内光环境的布光演绎手法

在室内光环境设计中，要对各种形式要素之间的联系加以研究，并总结运用层次与对比等形式原理对光的分布进行构图，力求能够使光达到一个均衡、稳定的审美效果与视觉舒适度。为了达到这一目的，在光环境的设计中，应学会凭借一定的表现技法来呈现出光的艺术效果。在实际操作中，可以利用形式美法则对光环境的视觉要素综合布光，以及可以利用光的形态来创造布光形式，构建空间的心理环境。这些光环境的布光演绎手法，是在创造空间美的形式与美的过程中，对室内布光的形式规律的经验总结和抽象概括。

扫码下载本章课件

一、利用形式美法则对光环境的视觉要素综合布光

学习目标	了解形式美法则中的五种布光手法。
学习重点	1. 了解影响对称与均衡布光手法的因素。 2. 掌握对比与和谐布光手法的四种形式。 3. 理解韵律与节奏布光手法的塑造方式。 4. 了解连续与序列布光手法的设计理念。 5. 掌握流动与静止布光手法的类型与运用。

1 综合布光手法一：对称与均衡

合适的照度和亮度，是室内光环境构图中均衡与稳定的首要保障。具体操作时，要求照度能够保证室内最基本水平，避免照度太低造成大量光死角，同时也要避免照度过高造成的眩光。亮度上则要避免亮度过高，以免造成视觉上的不适。另外，由于空间亮度与界面的反射率有很大的关系，因此材料的选择也显得尤为重要。

备注 当整个环境的重心较低或是左右均衡时，此时的空间三维构图能够给人以安定和舒适的心境。

链接

对称：其形态指的是同形不同量，能够在表达秩序的同时，给人以稳定、庄重以及安静等心理感觉的构成方式。

均衡：其形态指的是同量不同形，能够在各个形式要素间保持视觉平衡的同时，给人以活泼、和谐、优美等心理感觉的构成方式。

↑ 空间照明采用对称与均衡的布光手法，对称摆放的台灯与吊顶上平行布置的筒灯，为空间带来适宜照度的同时，也体现出照明环境的稳定感

不同材质对空间布光的影响

类型		空间表现形式	空间视觉效果
反射系数较高、冷色调、表面光滑的材料	金属、玻璃等	材料亮度较高，容易造成集中反射	清灵、飘逸
反射系数较低、暖色调、表面凹凸不平的材料	石材、木材等	材料亮度较低，容易制造漫射光	稳重

↑ 空间采用大量的反光金属进行装点，在灯光的映射下，显得艺术气息浓郁

↑ 空间中的装饰建材为大量的板材，材料本身的温暖感在灯光的映射下显得更加柔和

如果将材料与空间界面高低进行搭配，反射系数最高的材料可以用于吊顶部分，其次是墙面，最后才是地面。另外，在光源色彩或空间色彩的选择上，可将低彩度的颜色用在较大面积上，这样更容易让光环境的效果达到稳定。

↑ 吊顶和墙面材料的反射系数较高，令空间的整体照明呈现出开阔、明亮的视觉感受

2 综合布光手法二：对比与和谐

想令室内空间的光环境既有变化，又能达到和谐的效果，就要把对比与和谐两者进行巧妙结合。只有这样，才能满足人们对于领域感、私密感等空间使用上的心理需要。光环境的对比与和谐主要包括亮度对比、光色对比、光影对比、虚实对比等。

对比：要求在差异中寻求对立，让可以形成对比的成分特征更加明显和强烈。
和谐：要求在差异中寻求一致，协调好各个部分或因素。

备注 对比与和谐反映出矛盾的两种状态，通常是某一方占据主导地位。

亮度对比：灯光的亮度对比能够创造良好的环境气氛。但需要注意，如果室内的空间存在连续性，则要求在光环境设计时，对亮度进行合理控制，避免对比悬殊的亮度出现，对视觉造成不适，这也属于运用和谐的设计手法。

不同亮度对空间布光的影响

类型	适合光源的类型	空间氛围特征
亮度对比相对较低	漫射灯光、间接照明、面状光源	表现安静、和谐的空间效果
亮度对比相对较高，整个空间明暗并存	重点照明、点状光源	表现活跃、浪漫的空间效果

↑ 客餐厅为一体的空间，在布光时采用亮度均衡的布光手法，整体空间的光环境稳定

↑ 卧室的亮度较高，阳台庭院的亮度较低，明暗对比的效果极具戏剧性

光色对比： 适度的光色对比能够改善空间的感情特征，但若过度使用，则会产生不适感。例如，在光环境中过多地使用冷光，空间会产生清凉、硬朗的特征，容易产生距离感，变得不适合居住；而在光环境中过多地使用暖色光，空间则会失去温暖、恬静的特征，变得燥热起来。因此，在进行光环境设计时，应通过光源色的对比来缓解极端的效果，达到空间感情色彩的和谐。

在进行光环境设计时，可以结合彩色光源，同时搭配不同灯具形式，根据空间的不同使用功能构成光色对比，发挥出异彩纷呈的艺术效果，这种光环境营造形式，是营造独特空间氛围所必不可少的手段。

↑ 会议区运用光色偏冷的光源，营造出理性感；过道区采用光色偏暖的光源，营造出温暖感；结合空间建材的使用，保证了不同使用区域光源选用的合理性，同时整体空间的布光形式协调感也较好

光影对比： 光影对比通常可以在明暗对比的基础上增加室内空间的立体感，因此在空间照明设计的过程中，为达到某种更深层次的氛围或意境，可以充分利用此种表现手法来丰富或变化空间的内容。

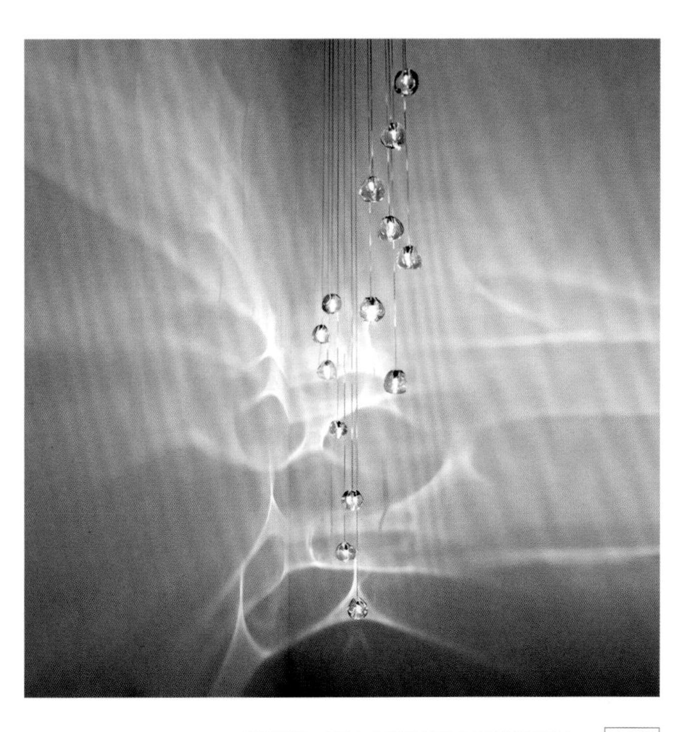

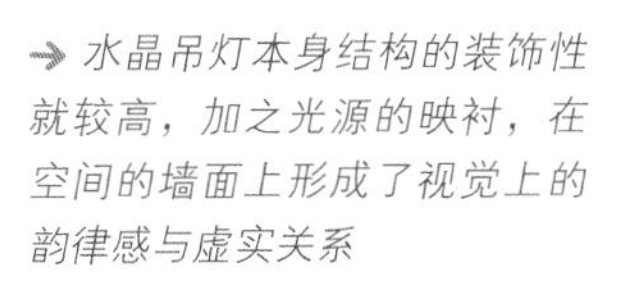

→ 水晶吊灯本身结构的装饰性就较高，加之光源的映衬，在空间的墙面上形成了视觉上的韵律感与虚实关系

虚实对比： 空间的虚实对比是指将背景处理为虚，背景的中心处理为实，类似于中国画中的留白。此种方法容易在空间或界面上形成主体突出，若隐若现的感觉，为整个空间带来朦胧、幽邃的气氛与意境。

小贴士

具体操作时，空间的环境照明可以应用于相对幽静的场所作为背景使用，照明方式上选择低照度的暖色漫射光，局部照明可以选择高照度的光源。例如，局部照明是漫射照明的方式，能够体现出甜美感；局部照明是直接、半直接照明的方式，尽管受照面具有明亮感，但从整体光环境看来，受照部分在一定程度上可以体现出神秘感。

↑ 顶面的花纹图案因为光线的映衬得以突显，成为空间的视觉中心，显得精美别致，与空间中的墙面和地面形成虚实关系

↑ 卧室背景墙设置了灯带，与深色装饰板材形成了“前暗后亮”的图底关系；台灯的“实”光线与背景墙的“虚”光线也是让整个空间的视觉效果对比强烈的因素

3 综合布光手法三：韵律与节奏

秩序与规律的变化及重复，即是韵律美的表现方式，能够激起人们对于美感的联想，在光环境构图中十分普遍。影响这种效果的原因较多，通常光的种类不同、照度不同或位置不同，都会令空间具有不同的表情、气氛或意境。韵律感的表现有各种各样的形式，如渐变韵律、交错韵律等，可以通过将光影组合进行规律的变化，或变宽或变窄，或变浓或变淡，来表现出布光的韵律美。

链接

节奏：将一些主要元素在空间中反复使用，或交替出现，或排列出现，注重的是运动过程中的形态变化；节奏是韵律的纯化，富于理性，能够让人的视觉产生一定的动态感，且能产生有条理的连续性。

韵律：不是简单的重复，而是在空间中进行一定变化的互相交替，注重的是空间中不寻常的美感，主要是神韵上的变化；韵律是节奏形式上的深化，富于感性，通常能够让人达到精神上的满足。

小贴士

良好韵律感的产生可以将照明元素与室内元素相互结合共同设计。例如，灯具的造型、色彩等也是具有一定装饰效果的。在塑造光影的动态韵律表现的同时，也可以将灯具的造型考虑进去。

➔ 将红色金属板装点的灯具进行组合排列，再通过高度、疏密上的布置手法，构成视觉上的美感设计，形成了动人的节奏感和韵律感

4 综合布光手法四：连续与序列

人们在连续的空间中能够更快、更轻松地获得整体的感受和印象，而空间的序列层次则能够激发甚至引导观察者心理上的变化。基于这些原因，在进行光环境设计时，应尽可能地使用不同的照明方式，或者通过控制光线的强弱、色调等来营造氛围，以表现不同光环境中光的层次，让光环境中的照明序列更加明确和丰富。

链接

连续：指相连接续，使用在空间中能够让观者的视线得到扩张或引导，也可以更明显地展现空间中所要传达的空间元素或符号，形成深刻的印象。

序列：指依次或按照某种顺序进行排列，如室内空间中的冷暖、明暗、大小、聚散等顺序，可以让光环境效果更加丰富和具有层次感，以此获得极其丰富的视觉效果。

↑ 开敞式的办公空间中，顶面采用冷光源连续排列的布光手法，为空间提供了均匀的照度和亮度，形成协调、和谐的美感

5 综合布光手法五：流动与静止

流动灯光的意义有两种：第一种是绝对的，这种光环境的设计是利用智能技术等手段，如变频、旋转等；第二种是相对的，这种光环境的设计是利用组织形式的不同，进行灯光动态的体现。而灯光的静止体现，则能够表现出安定、平稳、静谧、祥和的环境氛围，适用于绝大多数空间的布光。

灯光流动的类型与特点

类型	特点	适用空间
绝对意义的灯光流动	通过技术上的灯光处理，可以让整个环境产生热情洋溢、自由奔放的气氛，空间给人以光彩夺目、熠熠生辉的视觉冲击	舞厅、舞台等娱乐会所
相对意义的灯光流动	照明设计令整个环境产生相对轻盈与活跃的空间气氛，打破那些原本过于平静、安逸的氛围	酒吧、咖啡厅等相对休闲的场所

↑ 演唱会的舞台灯光创造出奇妙的意境，随着灯光的流动与变化，空间中的氛围也时而浓烈、时而安静

↑ 餐饮空间的灯具选择特色十足，随着间隔以及造型的变化，仿若带来了流动性，静态的灯具为空间带来动态的美感

思考与巩固

1. 不同材质对空间布光的影响是什么？可以形成什么样的空间视觉效果？
2. 对比与和谐的布光手法可以通过哪些形式来体现？
3. 影响韵律与节奏布光手法的因素有哪些？
4. 流动与静止的布光手法有哪些类型与特点？

二、利用布光形式构建空间心理环境

学习目标	了解常见的三种布光形式以及组合布光的手法。
学习重点	1. 掌握点状光源布光形式的特点及其常见的照明表现手法。 2. 掌握线状光源布光形式的特点及其常见的照明表现手法。 3. 掌握面状光源布光形式的特点及其常见的照明表现手法。 4. 掌握点、线、面光源组合运用的布光方式。

1 点状光源：渲染室内艺术氛围的布光形式

点状光源属于分点式照明，作为最基本的光源形式和造型元素，指投光范围小而集中的光源，大多以筒灯、射灯以及聚光灯等形式，出现在直接照明或重点照明的场合。

（1）点状光源的优势

① 点状光源类似于聚光灯的效果，在整体较暗的环境中可以产生一缕亮光，帮助使用者在空间中划分区域，建立一个自我中心。

② 点状光源的光照照度强，在空间中具有表明位置或集中视线的作用，以此强调空间区域感和明确感，给人以聚集的力量感，可以渲染出室内的艺术气氛。

③ 点状光源虽然尺度较小，但容易与背景形成明显反差或营造出独特的光环境氛围，可以在空间中起到画龙点睛的作用。

④ 在室内空间光环境的设计中，当点状光源按照一定的形式进行排列时，容易具有独特的表现性。

⑤ 由点状光源构成的虚线和虚面的表达意图朦胧，给人以想象的空间，相对来说，这种虚线和虚面更加活跃，更容易营造气氛。

点状光源的常见表现形式

类型	特点	示意图
单体展示	可以形成空间的视觉中心点，有集中视觉的效果	← *单体点光源的设置非常适合作为陈列物品的照明，可以突显被照物体的形态，也能够令物品的细节更加清晰*

续表

类型		特点	示意图
群体排列	规则排列	为空间提供均匀照度的同时，构成秩序感和韵律感	← 规则排列的点光源设置，既能带来视觉上的节奏感，又能带来均衡的照明效果
	不规则排列	能够为空间带来视觉上的节奏感	← 商场店面中间通道的上空，利用不规则排列的点光源组合成星座的图案，光影的韵律性更强，也增强了这一户外空间的趣味性

(2)点状光源嵌入式照明的表现手法

点状光源嵌入式照明的方式是将光源灯具按一定格式嵌入吊顶内，并与吊顶共同组成所要表现的花纹，使之成为一个美观的建筑艺术图案。在设计时，应考虑吊顶的造型，否则将达不到预想的艺术效果。

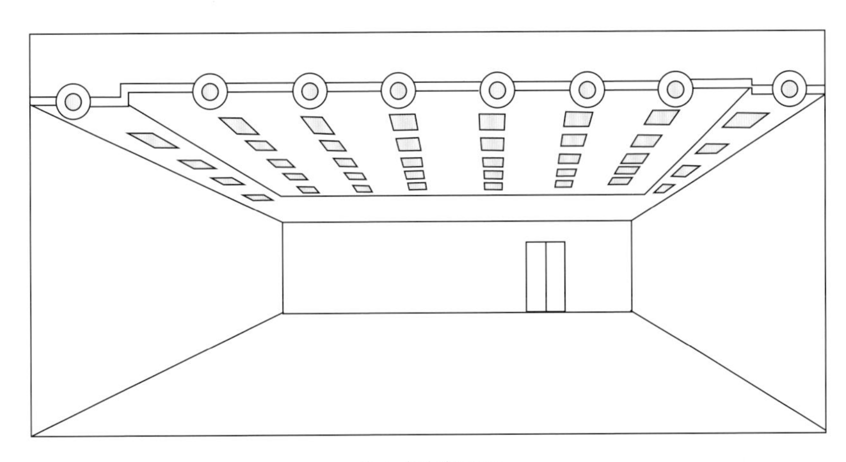

嵌入式直射照明

光源优势：眩光保护角大，能够使被照面获得较高的照度，并具有特殊的格调，使室内气氛宁静而不喧闹。

适用空间：较大面积的会议厅和餐厅等场所。

➔ 将点状光源嵌入公共教室的吊顶内，不会降低空间原本的层高，同时塑造出简洁、利落的吊顶形态

2 线状光源：塑造空间延伸感的布光形式

线状光源属于分割式照明，指光源布置呈长条形的光带，其表现形式有格子形、条形、环形，及其他多边形等。常用于周边平面型或凹入型光带吊顶、内框凹入型光带吊顶、周边光带地板、地脚凹光槽等。另外，纤细的立柱、均匀的方格架等，也可以在自然光的照射下在室内透射出线性的光影。

↑ 利用 LED 制作的线形光棒悬浮在空间的顶面，富有艺术性，且营造出精致的光感

↑ 在餐厅的拱形墙内设置了 LED 暖光灯带，手法新颖，特色十足

(1) 线状光源的特点

① 作为一种划分空间的常见手法，线状光源有着方向、粗细以及曲直等形态上的不同，可以给人造成不同的心理效应。

② 线状光源虽在塑造力上不如点状光源，但能产生一种强烈的延伸感，对空间起到一定的限定和导向作用，给人一种延续不断、源远流长的感觉。

(2) 线状光源常见的照明表现手法

光带照明：设计手法为将荧光灯管或光纤、LED 等光源安装在遮光板及扩散板上，可以在吊顶或假梁上连续排列，形成光带。这种照明方式的优点是：线条清晰，可以充分体现现代建筑的长度感、宽度感，以及透视感。

光带照明常见的两种排列形式

类型	特点	适用空间	示意图
纵线式连续排列	◎使人有畅快感 ◎但远处光源发出的光会直接进入眼内，容易引起眩光	过道、剧场等	↑通道利用纵线式发光照明，显得明亮、畅快，且呈现出力的感觉
横线式连续排列	◎表现为一明一暗的条纹状 ◎当光源凸出时，整个吊顶的亮度比较高 ◎当光源呈嵌入式布置时，几乎无眩光	百货商场、大型办公室、大型餐厅和长的地下通道等	↑利用发光纤维组成横线式发光照明，突现了整个办公空间的结构，呈现出平和、稳定的空间效果

光檐照明：光檐照明是隐蔽照明的一种手法，常利用与墙平行的不透光檐板遮挡光源，从上而下将墙壁照亮，形成美丽明亮的光带，使护墙板、帷幔、壁饰产生戏剧性的光照效果。

↑吊顶处设置的光檐照明与弧形门形成造型上的呼应，整个空间的戏剧化效果浓郁

光梁照明：光梁照明一般有两种做法，一种是在半嵌入式灯具中装灯具，将灯具的露出部分用扩散透明材料，如乳白塑料、乳白玻璃罩等，做成梁形外罩，看上去有发光梁的效果，其优点是可以使吊顶较亮，与发光面对比不会形成阴影。另一种是在建筑物主柱上做柱式外罩，有发光柱的效果。

↑餐饮空间的吊顶运用光梁照明的装饰手法，带来良好照明的同时，也增加了空间的美观度

↑空间中的顶面和墙面采用了光梁照明的手法，一体式衔接的方式为空间增添了艺术化气息

3 面状光源：带来安静、祥和氛围的布光形式

面状光源属于区域式照明，指由扩大的点光源或拉长的线光源围合成的发光面。在室内空间中，面状光源通常被用在吊顶、墙面和地面等界面。

（1）面状光源的特点

① 面状光源不仅可以通过块面的划分进行空间领域的区别，还可以将光源与室内材质等相互结合，由此而产生的空间虚实、明暗表现更加强烈，令人们可以轻松感觉到空间感和区域感的存在。

② 相对点状光源和线状光源来说，面状光源产生的阴影最小，对物体的立体塑造感最差，但照射范围大，光照比较均匀，可给人一种安静、祥和的感觉，以及没有方向性的安定感。

面状光源的常见表现形式

类型	设计形式	示意图
面状光源在吊顶中的设计	可以结合梁架结构设计成光井，形成独特的块面效果	↑利用合页固定板材和亚克力板，围合出错落有致的格栅式吊顶，结合光源的设置，形成类似光井的照明效果，意趣十足
	运用发光面较宽的反光灯槽来设计，其光强的衰减可以形成退晕光感，产生幽深、淡雅的感觉	↑采用发光灯槽作为吊顶的照明装置，令空间的光源有了延伸的效果，配合顶面的反光材质，整个空间仿若具有了魔幻气息

续表

类型	设计形式	示意图
面状光源在墙面中的设计	主要表现为发光墙面，可以令空间产生延伸感	↑ *卧室墙面的板材造型结合灯光进行设计，使墙面的立体感和层次感均加强*
面状光源在地面上的设计	发光地板可以增加艺术氛围，强调新奇感	↑ *酒吧入口处的地面加入了灯光设计，与墙面的灯光交相辉映，带来朦胧、神秘的意境，令人想推门而入，一探究竟*

（2）面状光源常见的照明表现手法

吊顶照明：在整个吊顶上安装荧光灯管或 LED 等光源，使吊顶成为一个发光面，即称为吊顶照明。其特点是光线柔和、照度均匀，照度值可达 200~500 lx，使人感到舒适、轻松。为避免直接眩光，吊顶表面亮度应控制在 $500cd/m^2$ 以下，且要特别注意热量的处理，因为在夹层中大量使用灯具，发热量较大。

吊顶照明常见的两种设计形式

类别	装饰材料	特点	图示
全发光吊顶照明	吊顶全部装上半透明材料，如乳白透明片	◎可以提供日光照明的气氛 ◎为了装饰吊顶周边，可在四周装设向下直射照明器，起到衬托空间的作用 ◎吊顶离漫射发光体越高，亮度越均匀，但系统的发光效率则越低 ◎为使漫射体亮度均匀分布，布灯间距一般为两盏灯之间距离与灯离吊顶的距离之比，即 1.5~2.0 ◎吊顶内若有通风口等障碍物，它们之间的比值应取小些，如灯具装有反射器，它们之间的比值不应超过 1.5	↑发光顶棚 ↑暖光全发光吊顶，为空间带来了浓郁的温馨效果
格栅吊顶照明（满天星照明）	吊顶安装半透明的格栅	◎一般由金属薄片或塑料薄片组装而成 ◎网格可以为方形、矩形或隔片形，也可为六边形、空心圆形、椭圆形等 ◎优点是可以调节格片的角度，获得定向照明；通风散热好，减少了灯的热量积聚；比平置的透光材料少积灰尘；外观生动，能取得丰富的装饰效果 ◎在大型商场、会议厅、开放式办公室、体育馆等得到普遍采用	↑格栅（方形）顶棚 ↑格栅（隔片式）顶棚 ↑格栅吊顶带来的光源效果比较均匀，不会造成过多的光污染

光墙照明：是指在透光墙板与建筑结构之间装灯，形成发光墙板或发光墙架。这种照明方式对于近处工作来说，可以形式一个适宜的背景。对于整个房间，又可以成为一个赏心悦目的远景。如果在漫射板表面贴上图案花纹，内部加装彩灯，则更富有装饰性。

备注　光墙照明用于餐厅、咖啡厅、起居室等场所，可以增加华丽气氛。

↑将光源和丝绒相结合作为墙面设计的方式，使空间形成了一种富丽堂皇的氛围

4 点、线、面光源的组合运用：塑造和谐视觉效果的布光形式

点、线、面这三类光源具有各自的效果，当单独采用一种形式时，尤其是在面积较大的空间中，容易给人以呆板、乏味的感觉，如果将三者结合，利用形式感的对比，不仅可以产生灵动的美感，也能够塑造出和谐的视觉效果。

（1）点、线、面光源之间的联系

光源的点、线、面分类是相对概念，可以在一定的条件下相互转化。例如，线状光源是点状光源在一个方向的延伸，是由一系列的点状光源组合而成；面状光源是点状光源在两个方向上的延伸，是点状光源组合而成的图案，也可以是一系列线状光源组合而成。

（2）点、线、面光源组合常见的照明表现手法

空间灯网照明：一般是将相当数量的光源与金属管架结合构成各种形状的灯具网格（灯具群），或者用光纤、LED 灯具作为光源，在空间中以建筑的装饰形式出现。这种照明方式的特点是使光照环境具有活跃的气氛，造型精美的灯具则更能起到装饰作用，体现建筑物的风格。

光源优势：在与建筑装饰的相互协调下可以营造比较富丽堂皇的气氛；能突出中心色调，使室内显得温暖明亮，光色美观，有豪华感。

适用空间：大型灯网照明系统适用于大型厅堂、商店、舞厅等；小规模的灯网照明系统适用于小会议室或建筑物的楼梯间、走廊等处。

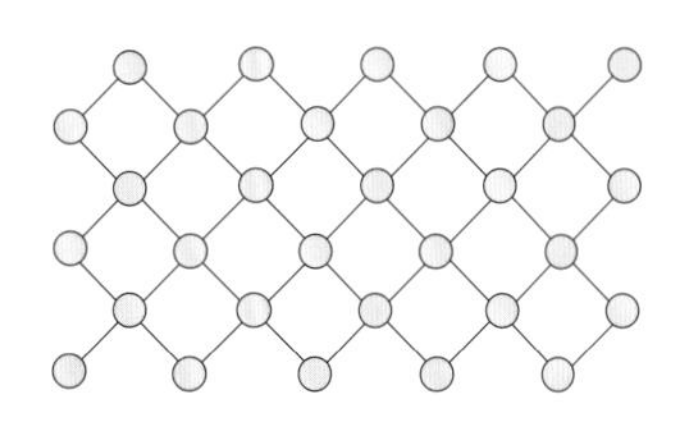

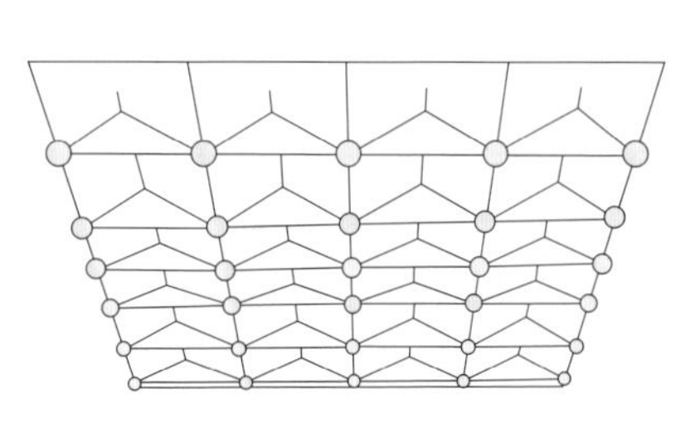

常见空间灯网照明

↑ *大堂中央垂吊的灯具，虽然由点光源组合而成，但聚合的形式带来面光源的照明效果*

组合吊顶和成套装置吊顶照明：这种照明方式是将吊顶和灯具结合在一起制成“吊顶单元”，然后将这些单元编排起来构成组合吊顶。其优点是造型简单，自成图案，便于现代化施工。如果将照明器、空调装置、消声装置以及防灾装置等按一定要求综合排列，便成为成套装置吊顶，其优点是各种装置统一布局，结构紧凑合理，并能构成简洁的图案，照明环境舒适，具有现代化建筑特色。

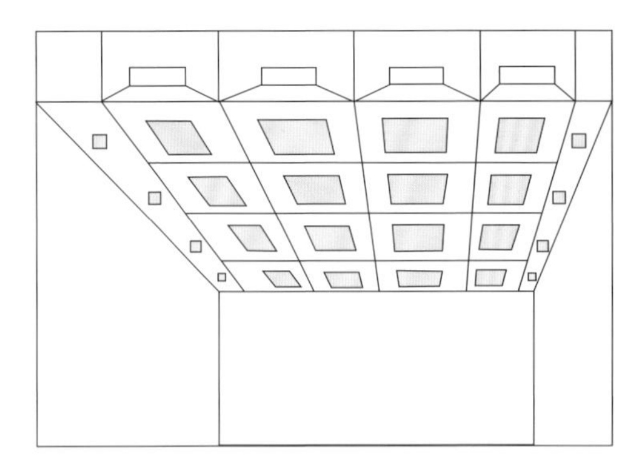

组合吊顶照明

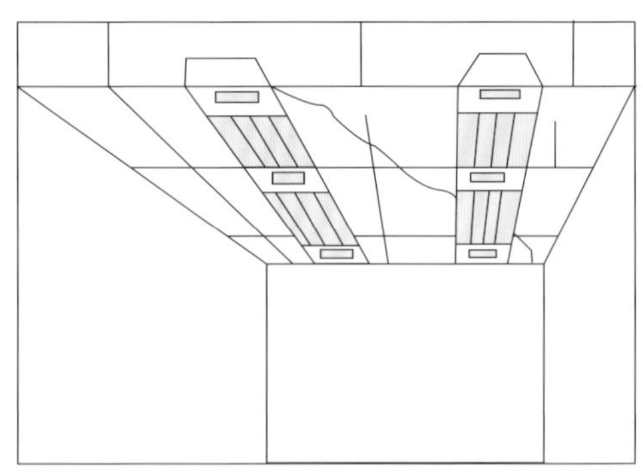

成套装置吊顶照明

↑ 将吊顶材料和发光灯管结合设计，形成组合吊顶照明的形式，灯光在地面形成的光影呈现为利落的几何线条，与主体空间的造型协调

↑ 过道部分将吊顶、光源，以及通风设备配套设置，整体感更强

思考与巩固

1. 点状光源的优势是什么？常见的表现形式有哪些？
2. 如何利用线状光源来完成光带照明？
3. 如何利用面状光源来完成吊顶照明？
4. 空间灯网照明的布光形式应该如何实现？

住宅空间中的光环境设计

第四章

住宅内一般由玄关、客厅（起居室）、卧室、书房、餐厅、厨房、走道、阳台等部分组成。不同功能空间有不同的照明要求，光照设计应使每一个空间环境都各具特色。空间中光源的照射方式千变万化，根据不同的投射角度与方式，可以产生各式不同的功能与效果。因此，针对不同的功能空间，也有不同的照明方案，这样才能打造出符合人们需求的照明环境。

扫码下载本章课件

一、住宅空间光环境设计的原则

学习目标	了解住宅光环境设计的基本原则。
学习重点	理解以人为本原则、整体性原则和生态性原则的具体意义。

1 符合以人为本的原则

“以人为本”是住宅光环境设计应遵循的最重要的原则。人是室内环境的主体，环境设计应为人服务。因此，住宅光环境设计要体现出对人的关怀，关注人在其中的生理需求和心理感受。在具体设计时，无论是照度、亮度，还是灯光的显色性等，均应保持在合理的范围之内。另外，在住宅光环境设计中，照明灯具和线路布置必须要保证绝对安全，特别是在老人房、儿童房的照明设计中，插座和开关应安装在不易触及的地方。

↑卧室作为人休息的场所，通常采用不刺目的暖色调灯光，开关一般设置在出入卧室门口边的墙面上，插座则设置在床头处

2 符合整体性原则

在整体环境观念下的室内照明设计，经系统处理后，可以对居室空间的性质加以诠释，以及对室内环境的意象加以突出刻画，同时还能够对整体环境的功能加以安排。由于灯具的形态各异、品种繁多，只有通过合理地排布，风格的统一，才能使空间的布置显得和谐、流畅。另外，灯具的色彩也不容忽视，应与室内的主色调相吻合。

除了灯具的造型和色彩之外，灯具的大小也应与居室大小相配合。一般来说，$10\sim15m^2$ 的房间适宜采用吸顶灯或单头吊灯；$20m^2$ 以上的房间可选用多头装饰吊灯。壁灯的尺寸也应和房间大小、墙面尺寸、主灯规格相协调。一般情况下，$10\sim15m^2$ 的房间适宜选用高 250mm、支出 170mm、灯罩直径为 90mm 的壁灯，$20m^2$ 以上的房间才可以考虑双头壁灯。

↑空间整体风格简洁、利落，搭配的灯具线条流畅，现代感强，形成了较强的统一感。光源的色彩偏冷白色，可以营造出冷静的空间氛围

3 符合生态性原则

生态设计又称绿色设计、为环境而设计、生命周期设计。生态设计的基本思想在于从设计的孕育阶段开始，即遵循污染预防的原则。其中，节能、低碳是 21 世纪人类保护地球的重大措施。表现在灯源的选择方面，由于白炽灯耗电大、寿命短，现已较少使用。而荧光灯的光线接近日光灯，光线柔和、不散发热量，且光视效率高。经过试验证明，一盏 11W 荧光灯的亮度相当于 60W 白炽灯的亮度，一盏 36W LED 灯的亮度相当于 120W 白炽灯的亮度，也就是说荧光灯比白炽灯节能高 80%，而寿命则可长达 10 倍。

备注 在开灯连续时间较长的室内空间，最好使用紧凑型荧光灯。对于直管型的荧光灯应采用较细型的荧光灯条，配电子镇流器，两者结合可节约电能近 30%。

↑在无自然光照明的走道内，需要长期开灯保持空间的明亮，为符合生态性原则，在狭长的走道中可以设置一定数量的紧凑型荧光灯，节能的同时也延长了照明设施的使用寿命

思考与巩固

1. 住宅光环境设计中的以人为本原则指的是什么？设计时应注意哪些要点？
2. 如何做到住宅光环境设计中的整体性原则？

二、住宅各功能空间的光环境设计

学习目标	了解住宅各功能空间的光环境设计的基本方法。
学习重点	掌握住宅各功能空间的光环境设计标准及常见的搭配手法。

1 客厅：依照不同场景进行照明搭配

客厅又称为起居室，是一家人开展居住活动的核心空间，这里不仅是接待客人的地方，也是家人团聚在一起聊天、休闲、看影视、听音乐、娱乐的空间。因此，在客厅的光环境设计中，需要考虑将照明合理地安排到各处功能上，既需要在家庭会客中提供充足的亮度，也需要在观影过程中营造出微弱的辅助光源。

客厅照明基础要求

类型	概述
照度要求	客厅整体照度要求：参考平面为地面，照度值为 30~75 lx
	团聚、娱乐照度要求：参考平面为工作面，照度值为 150~300 lx
	看书、阅读照度要求：参考平面为工作面，照度值为 300~750 lx
色温要求	以一般人对客厅的明亮度要求考虑，客厅的适宜色温为 2700~3000K
显色性要求	客厅显色指数的建议值为不低于 80 R_a

（1）客厅照明设计的原则与要点

客厅适合的照明灯具选择：客厅中的一般照明需要均匀照亮空间，适合的灯具包括吊灯、吸顶灯或是宽光束的筒灯；局部照明的主要作用是营造氛围，所以适合筒灯、吊灯等；装饰照明起到装饰或特定作用，因此可以选择射灯、地灯、台灯、落地灯等。

↑ 客厅是家庭中的公共活动区，活动种类较丰富，照明种类需全面一些，以满足不同的使用需求，且宜分开控制

客厅灯具组合应具有灵活性：客厅是住宅各空间中面积占比最大的开敞式空间，光源配置丰富，这时便对照明的灵活性有了较高的要求。灵活性是指客厅的灯光设计要方便、安全、实用。除主灯外，台灯、壁灯、射灯、暗藏灯带等具有呼应效果，可实现彼此之间的灵活组合，做到既方便、实用，又舒适、安全。

备注 点光源的设计宜精不宜杂，最好设计在有墙面造型的位置。

客厅中常见光源的组合方式及照明效果

光源组合	实景展示	照明效果
暗藏灯带 + 筒灯		筒灯和暗藏灯带富有艺术气息的光影，可丰富平平无奇的墙面和顶面
射灯 + 落地灯		落地灯和射灯都是具有精美光斑的灯光，可丰富墙面的装饰效果
吊灯 + 暗藏灯带		这是一种最常见的光源组合，照明效果明亮、大气
壁灯 + 射灯		射灯搭配主灯用于客厅的照明，壁灯作为装饰性点光源

客厅照明搭配应体现出层次感：客厅照明的层次感由三部分组成，分别是泛光源，如吊顶、吸顶灯；线光源，如暗藏灯带、亚克力灯箱；点光源，如射灯、筒灯、台灯、壁灯。将三部分光源进行强弱搭配，便会呈现出层层递进、光影错落的设计，形成或明亮、或静谧的照明层次。

客厅中常见的照明层次

照明层次	实景展示	层级说明
泛光源 > 线光源 > 点光源		泛光源光照强烈，可营造出明亮、大气的客厅
线光源 > 点光源，无泛光源		线光源营造出线性的光影变化，点光源用于辅助提亮
点光源 > 线光源，无泛光源		点光源为主照明光源时，地面会形成明亮的光斑，客厅富有明暗对比的光影层次
泛光源、线光源、点光源均衡		客厅照明充足，光色统一，光照温馨大气

客厅要注意主光源照明的覆盖面积：有些家庭选择客厅的主灯时，没有参考客厅的面积，结果将主灯安装好后，却发现照度不够，导致客厅昏暗。面对这类问题，选择主灯时，一是要记得参考客厅的面积，二是要选择带有多级调光的主灯，可提供多种不同程度的照明。

↑ *做主光源用的吊灯除通过多级调光来实现照度的要求外，还可在客厅边缘或者需要局部照明的区域设置射灯、壁灯及台灯*

少主灯，善用间接光源营造柔和光线：客厅属于公共活动空间，从其使用功能方面来说，色温约3000K就能达到一般人对客厅明亮度的要求。从这方面来考虑，客厅完全可以不设计主灯，这样既可以避免造成空间的压迫感，又可以避免主灯影响电视荧幕的反射。在具体设计时，可以在吊顶安装隐式灯管的间接照明，让光线碰到吊顶后再折射下来，产生柔和不刺眼的效果，且照明范围也会变得更广泛。

↑ *暗藏灯带配合单独开关的镶入吊顶的射灯，可以营造出轻松柔缓的氛围，带来舒适观影体验的同时，射灯还可以弥补设置在边缘处的暗藏灯带光线不足的问题*

（2）客厅的基础照明

以吊灯作为主灯：吊灯的装饰效果是所有灯具中最好的，只要一盏就能为空间带来不同的氛围，当层高足够时，就可以选择吊灯作为客厅的主灯。但是，吊灯的造型、款式众多，不同的外形会改变照明的效果，因此要选择符合使用空间特征的吊灯。

常见吊灯的发光款式

分类	概述	示意图
向下发光的款式	◎视觉上装饰效果比较不错，而且能够保证垂直下方桌面的亮度 ◎由于装有遮光灯罩，没有光线漏射到吊顶上，因此吊顶会比较暗，需要与间接照明组合使用 ◎安装高度在 2130mm 以上即可	
整体发光的款式	◎能照亮吊顶，让空间整体都很明亮 ◎通常是从吊顶垂下的款式，因此吊顶的高度至少要应达到 2400mm ◎下垂高度要注意不能碰到头，有些款式的灯线长度可以调整，但有些不可以调整，所以安装高度要在 2130mm 以上 ◎如果想在客厅阅读，则需要有局部照明搭配，否则亮度不够	

以吸顶灯作为主灯：吸顶灯不会像吊灯一样有层高限制，又比筒灯有更多的款式选择，装饰效果较好，因此，非常适合层高较低或面积较小的客厅。在设计时，灯具直径以房间对角线长度的 1/10~1/8 为标准来选择，会比较合适。

以宽光束筒灯作为主灯：筒灯既可以作为一般照明使用，也可以作为局部照明使用。当客厅追求简洁感，采用主灯设计时，即可全部使用筒灯。当筒灯作为一般照明使用时，建议选择宽光束的筒灯，并且均匀排布，才能保证照度均匀，使空间内的每个部分都能得到相同的光线。

吸顶灯作为主灯

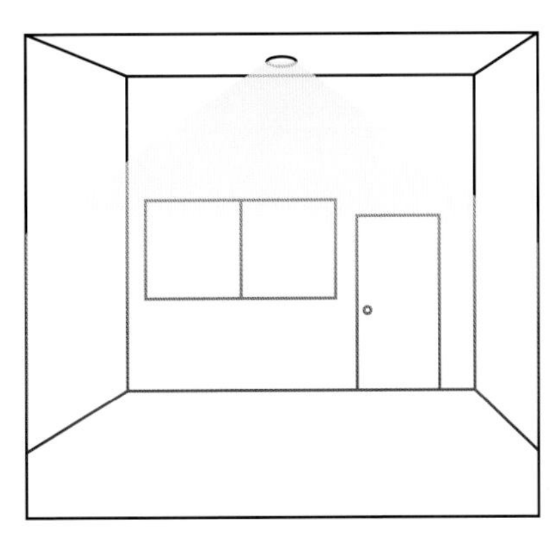

宽光束筒灯作为主灯

阅读扩展

客厅电视墙照明的设计方法

客厅中的电视墙照明既可以采用直接照明设计，也可以选择间接照明的方式。

使用直接照明照亮电视背景墙： 主要设计方法是在电视机的正上方安装筒灯、射灯等类型的灯具，并将其靠近墙面安装就能够照亮电视背景墙，但采用的灯具不同，灯光形成的光束构图也会不同。如果想要均匀地照亮墙面，并使光束延伸到电视机下方，建议选择中角型（光束角为20°~40°）的灯具。灯具的安装数量和间距需要根据电视机的尺寸而确定。灯具适合安装在距离墙面150mm左右的位置，能够让墙面整体都较为明亮。

使用间接照明照亮电视背景墙： 主要设计方法是在上方（吊顶、墙壁）或下方家具上沿安装线条灯，照亮整体墙面。从上方照亮墙面时，可以在电视机上方的吊顶处设计灯檐，使其均匀地照亮电视背景墙；也可以在电视背景墙与吊顶交接处设计一段遮光板，将线条灯暗藏其中，同样可以均匀地照亮电视背景墙。设计时，要让灯光能够一直延伸到墙壁的下半段，灯具既可垂直向下安装也可水平安装；遮光板的建议尺寸为150~200mm。从下方照亮墙面时，能够给人沉稳、放松的感觉。可以在电视柜的顶板靠墙一侧设计凹槽安装线条灯，灯具上方使用亚克力板遮盖即可。具体设计时，要让灯光能够一直延伸到墙壁的顶端；为了散热，通常开口宽度要比灯具稍大一些，大约50mm即可；遮光板与家具之间要有高度差，保持在20mm即可，可以避免直视光源。

↑ *从下方采用间接照明方式的电视墙，通常采用带有色彩的灯光，营造一种隐秘、舒缓的氛围*

↑ *在墙面前方设计一块挡板，将光源安装在其中，让光线打在墙面上，均匀地照亮墙面*

（3）客厅不同区域的照明设计

客厅的照明设计应考虑到多种照明场景的不同，然后再依据具体的场景设计光源、光色，以及光源之间的搭配。

客厅中常见功能场景的照明效果与适用光源

功能场景	照明效果	适用光源	实景展示
会客	明亮、大方、通透	吊灯、吸顶灯、筒灯	
观影	静谧、专注、幽暗	暗藏灯带、筒灯	
家庭聚会	轻松、温馨、明亮	吊灯、台灯、筒灯	
娱乐	欢快、动感、层次	筒灯、暗藏灯带、壁灯	
休闲	节能、实用	射灯、台灯、落地灯	

（4）客厅的常见照明搭配方式

独立式客厅

搭配方式一：轨道灯设计

① 轨道灯可以直接安装在吊顶上，且其有轨道可以随时根据需要调整灯具的位置和照射角度，很适合无吊顶的客厅做一般照明或局部照明。

② 在安装轨道灯前，吊顶要先预留好与灯具连接的电线，并确认其安培数及回路，以便于后期灯具的安装。

③ 有时轨道灯会与水管或风管等裸露管线同时并存，因此除了照明配置外，也要顾及线条比例，搭配起来才会好看，不显凌乱。

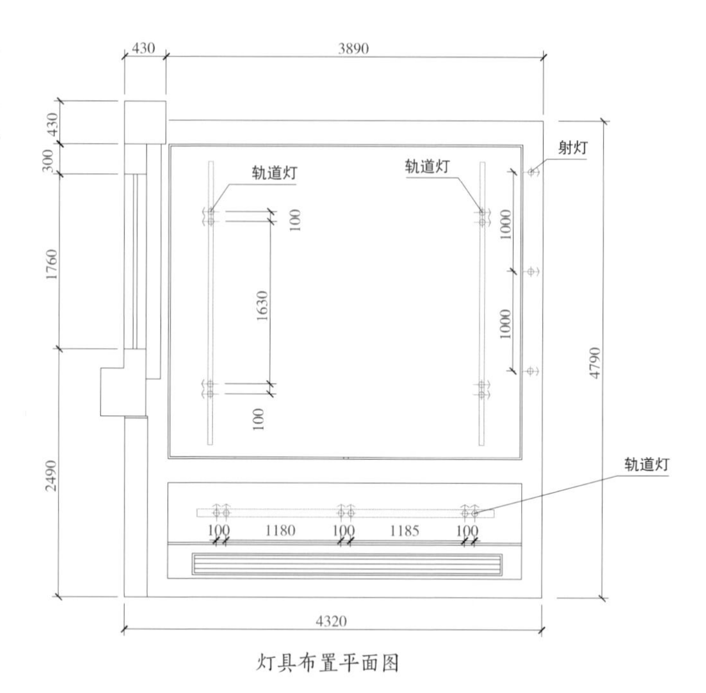

灯具布置平面图

实景图

搭配方式二：主墙筒灯 + 可调节射灯 + 落地灯

① 将筒灯埋入顶面灯槽内，照射的光线使背景墙更有氛围感。

② 可调节的射灯可以保证客厅四个角区域的亮度均衡。

③ 落地灯则可以增加空间氛围的层次。

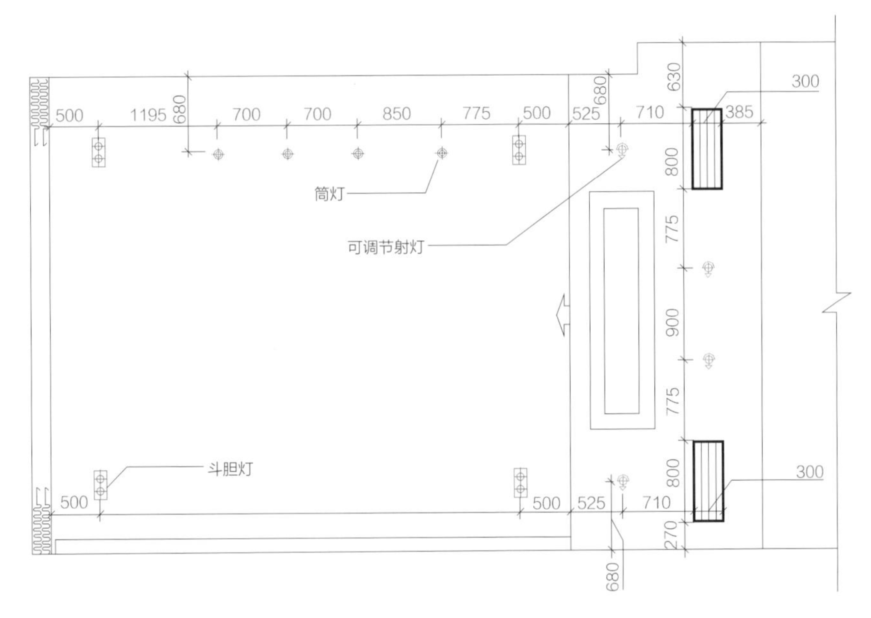

灯具布置平面图

实景图

一体式客餐厅

搭配方式一：相同款式主灯 + 区域分隔灯带

① 主灯的设计样式相同，可最大化保持客餐厅照明设计的统一性。而且，照明亮度的分布也比较均衡，不会出现一片区域过亮，一片区域过暗的情况。

② 灯带分区域的设计，对客餐厅有隐性的分隔效果，使两处空间彼此拥有独立的照明环境，互不影响。

③ 只有在设计了区域分隔灯带的情况下，才适合设计相同款式的吊灯。

实景图

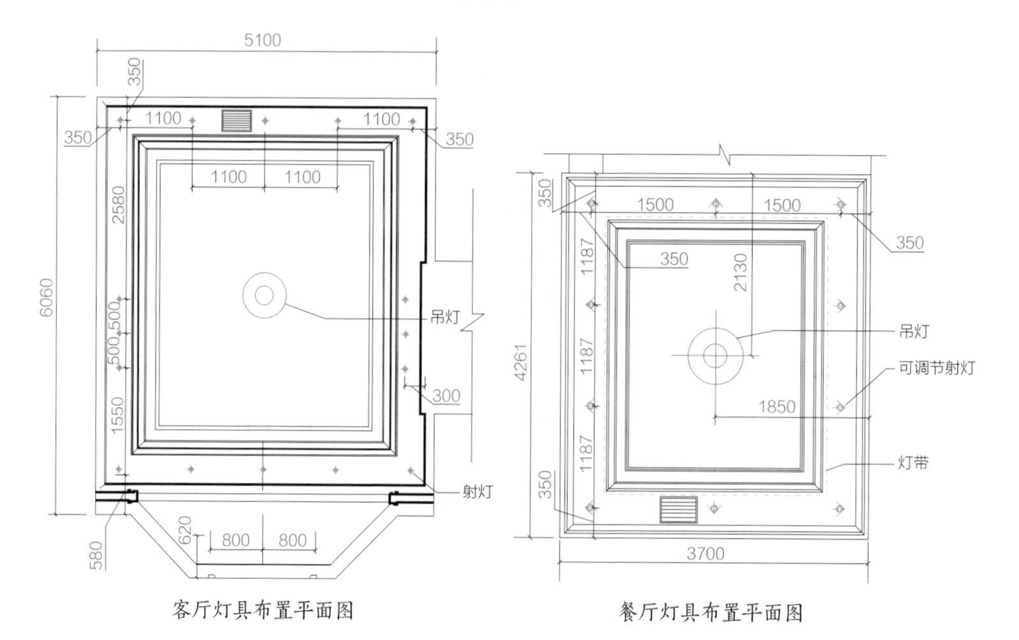

客厅灯具布置平面图　　餐厅灯具布置平面图

搭配方式二：不同款式主灯 + 装饰性射灯

① 不同款式主灯，适合设计在客餐厅面积较小的空间中，以灯具的不同样式，突出两种空间不同的功能性。

② 客厅的主灯要大，且照明亮度强；餐厅的主灯则相对较小，才能突出照明设计的主次变化。

③ 射灯照射在墙面中的光斑，有助于提升照明设计的纵深变化，提升照明设计的趣味性。

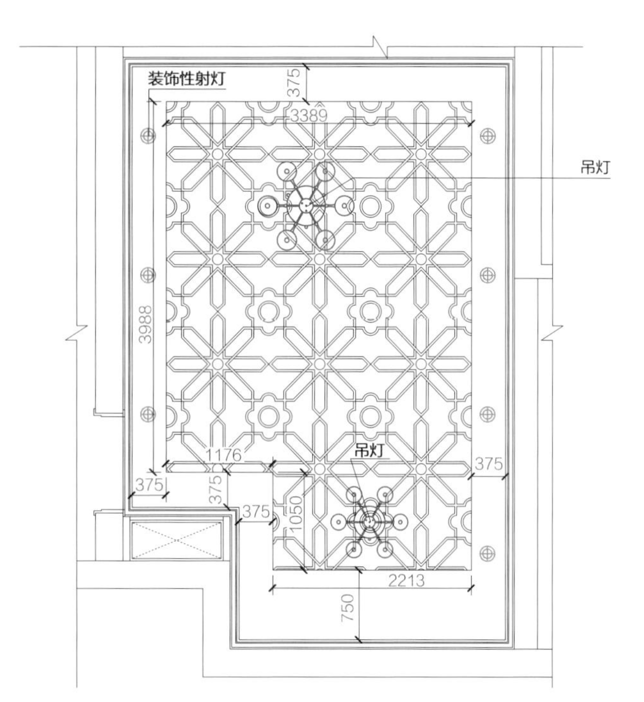

灯具布置平面图

实景图

挑高型客厅

搭配方式一：高纵深主灯 + 局部照明台灯 + 装饰性射灯

实景图

① 高纵深吊灯对客厅的照明均匀，不会发生局部明亮，局部昏暗的情况。

② 照明台灯适用于大面积客厅，用于吊灯不能覆盖区域的照明。

③ 吊灯发白光，筒灯就要设计为白光；吊灯发暖光，筒灯同样要设计为暖光。

④ 装饰性射灯这样的点光源需要选择大功率的，这样才能保证灯光对地面上的家具产生影响。

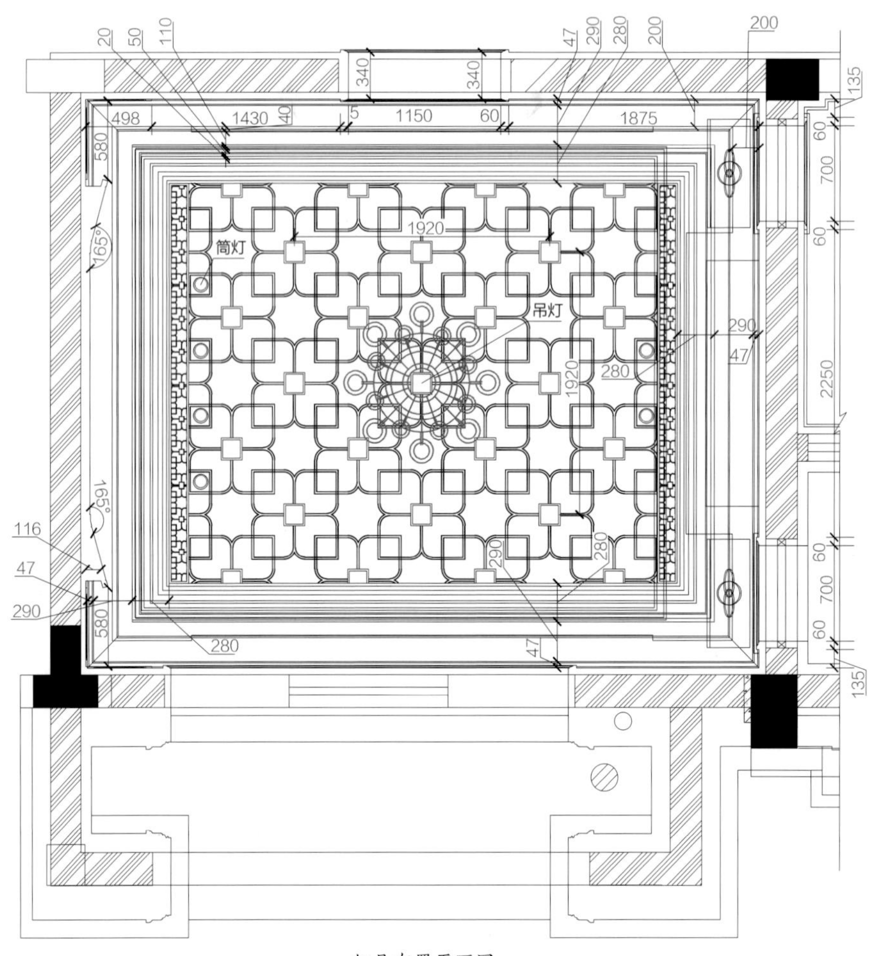

灯具布置平面图

搭配方式二：装饰性主灯 + 简单的补光照明

① 带有诸多装饰设计的吊灯往往会产生照明亮度不足的情况。因此，这种吊灯一定要设计在采光好的空间中，利用自然光补充灯具照明。

② 当主灯由多盏光源组合设计而成，且光源为卤钨灯时，其对客厅的照明会非常充足，不需要过多的点光源来补充照明。

实景图

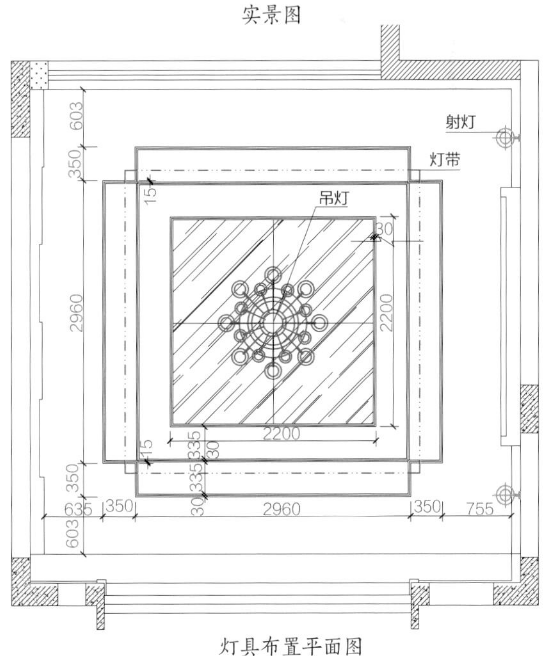

灯具布置平面图

小贴士

在挑高客厅的照明设计中，若选择吊灯作为客厅的主光源，需注意吊灯的大小。一般情况下，吊灯从顶面下吊的距离，是客厅总层高的三分之一比较理想。这样的光照比较均匀，而且可以使客厅的设计效果更加饱满。

（5）利用灯光设计改善客厅的缺陷

低矮型客厅：① 将光源设计在吊顶四周，打向墙面，洗墙而下，透过光晕效果会有拉高吊顶的感觉。② 令灯具向上照射，光线漫射至吊顶，再通过吊顶进行反射，将光源放散出去，会令吊顶有往上延伸的视觉效果。③ 在近地板处的柜体或层板下方埋放灯管，这种灯光会让地面有退缩效果，层高瞬间就会被拉伸。如果同时在柜体的上方或者顶面再做间接照明，空间就更有上下拉伸的感觉。如电视柜、鞋柜、边柜、书柜、展示柜等，都可以采取此种设计。

← 客厅在沙发两侧贴墙设计两盏向上照射的壁灯，搭配吊顶上的小型射灯，达到视觉延伸的效果

← 客厅沙发墙及窗帘一侧均设计了洗墙效果的灯槽，通过与压低设计的吊顶之间的对比，给人以房间很高的视错觉

← 在电视墙柜的下方埋设灯管，搭配顶部的灯槽照明，通过光线在上下方向的延伸感，提升了房间的高度感

采光不良型客厅：① 选用发白光的主灯照明，可补充客厅内缺少的自然光，而且白光可模拟日光的照明效果，不会使客厅显得昏暗无光。② 避免客厅昏暗最好的办法便是大面积地设计补光灯带，其照明虽然不像筒灯、射灯一样集中，但覆盖面积广，提亮效果出色。③ 适合选择功率大的顶灯，其照明亮度越强，光通量越小，对客厅的照明也就越充分。

↑ 白色光的吊灯配合同色调的补光射灯，可以使客厅的每一个角落都笼罩在明亮的灯光下，敞亮自然

↑ 大功率的吊灯搭配辅助照明等，可以使客厅内的照明均匀明亮，没有照明死角，也不会有明显的明暗变化

2 餐厅：餐桌是照明设计的重点区域

餐厅中的活动主要是围绕餐桌进行的，所以照明的重点区域也是餐桌。具体设计时，可以在餐桌处设置局部照明，空间较大时还需要在墙面等部位补充照明，以免使餐桌与周围亮度的对比过于强烈；而若餐厅空间较小时，照度则可以低一些，以形成舒适的环境。

餐厅照明基础要求

类型	概述
照度要求	餐厅整体照度要求：参考平面为地面，照度值为 20 ～75lx
	餐桌照度要求：参考平面为工作面，照度值为 150 ～300lx
色温要求	◎以一般人对餐厅的明亮度要求出发，餐厅的适宜色温为 2500~4000K；餐桌上方的适宜色温为 2500~3000K ◎若餐厅的光源色温过高，会给人一种惨白的感觉，影响用餐氛围和食物的美感，降低食欲 ◎不宜将白光和黄光混搭，会形成诡异的效果
显色性要求	餐厅显色指数的建议值为不低于 90R_a

（1）餐厅照明设计的原则与要点

餐厅适合的照明灯具选择：餐厅局部照明的灯具，应该选用显色性好、暖色光线或低照度的，以营造良好的就餐氛围。因此，以荧光灯、LED 灯为光源的吊灯、落地灯、射灯、筒灯等都是不错的选择。

↑ *吊灯搭配餐厅两侧均匀分布的射灯，柔和的光线令原本色调冷峻的餐厅拥有了温馨感*

餐厅吊灯应设计在餐桌正上方，而不是餐厅中央：受餐厅布局或面积大小的局限，餐桌的摆放位置往往会靠墙，或贴近一侧的墙面，导致餐桌不处在餐厅的正中央。这种情况下，吊灯需要随着餐桌位置来布置，这样可以保证照明对主体进餐空间氛围的营造，并提升餐厅设计的整体性。

备注 吊灯安装位置应在进场施工前便确定，后期无法更换位置。

↑ *在餐桌上方设置色温低、显色性高的吊灯，可以很好地显现食物原本的色泽并为其增色，避免了灯具设置在餐厅正中使餐桌上的食物未受到完全照射而显得寡淡的问题*

餐厅主光源离餐桌越近，照明效果越理想：主光源一般指吊灯。吊灯的下吊距离与餐桌保持 60cm 最为合适。这种情况下，照明亮度会集中在餐桌上，并向四周漫射，而摆放在餐桌上面的菜肴，则会变得色泽诱人，无形中增进人们的食欲。

→ *垂直向下投射的吊灯，与餐桌桌面应保持在约 60cm 的距离，这样的高度既可以照亮食物，令人充满食欲，又不会使人吃完饭起身时碰到头部*

备注 对于光源的照明选择，偏于柔和的暖色调比较理想。

(2)餐厅的基础照明

以吊灯作为主灯：通常将吊灯设计在餐桌上方，以便让餐桌显得突出。应尽量选择看不到灯泡的灯具，以免灯泡的光线直接刺激视线。另外，灯罩可以选择稍微透光的材质形成间接照明，若令光线打在人脸上效果更好。在光源方面，适合暖色系，能够营造出就餐和谈话的快乐气氛。

吊灯作为主灯

餐桌大小与吊灯的尺寸关系

分类	概述	示意图
单个吊灯	◎餐桌上方的吊灯，直径或长度（L）一般为餐桌长边（l）的 1/3 左右比较合适	700~750mm l $L_1=l/3$
多个吊灯	◎当选择一组吊灯时，可以用桌子长边（l）乘以 1/3，再除以灯具数量，即作为吊灯尺寸（L）的选择标准 ◎如餐桌边长为 1200mm，使用 2 个吊灯，则每个灯具的适宜长度为 1200×1/3÷2 = 200mm	L l 2L=l/3（安装两盏时）

以筒灯作为主灯：① 使用筒灯作为餐厅的一般照明，可以确保餐桌面得到比较均衡的照度，使吊顶看上去更加干净。② 可以在餐桌上方，以较近的间隔装设 2~4 盏筒灯，以便光线足以覆盖餐厅中央大部分范围，桌面可以得到 200~500 lx 的照度。③ 在墙面上设计间接照明以保证整体亮度，顶面设计可调节筒灯，可以依靠调整筒灯的照射角度来应对不同的需求。

筒灯作为主灯

阅读扩展

餐厅酒柜照明的设计方法

一些有品酒需求的家庭，常会在餐厅中设置酒柜。为了保证藏酒的品质，酒柜内的温度不能有过大的变化，同时还需要能够看清酒瓶上的年份、商标等字样，所以需要照明设计的配合。常见方法有两种。

在专业酒柜里设置 LED 灯照明：无论是何种酒，最大的风险都是因温度变化而产生变质，因此专业的酒柜里，多半会减少灯光设置，但这会造成取物时的不便。因此建议选择带有 LED 灯的酒柜，能确保酒柜的温度不会因灯具发热而改变。若酒柜与吧台设置在同一区域，可以在吧台下沿也设置 LED 灯，通过灯光变化及切换，转换品酒氛围。

选择黄色波长的 LED 灯：目前，酒窖或酒柜的照明设计主要采用的是蓝光或红光的 LED 灯，但是此类光源照射在酒瓶上的清晰度不高，不容易看清年份等信息，建议可以改用 2400K 琥珀色光的软板 LED 灯，无需打开门就可看清字迹。

↑ *酒柜在台面下沿处设计了 LED 灯带，可以配合需求通过灯的开关来转变氛围*

↑ *酒柜采用了 2400K 琥珀色光的软板 LED 灯，无需打开门就可看清字迹*

（3）餐厅的常见照明搭配方式

独立式餐厅

搭配方式一：高亮度主灯 + 围合式灯带

① 独立式餐厅的面积一般较大，因此内部需要设计高亮度的主光源，使主灯的照明可以覆盖住空间内的每一处角落。

② 围合式的灯带设计，有方形、圆形以及椭圆形等形式，具有较高的装饰性，与主灯的结合设计效果良好。

实景图

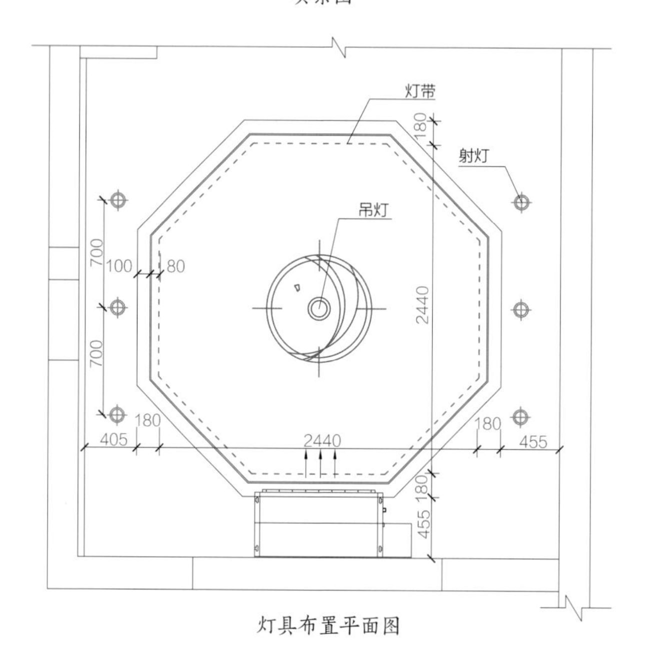

灯具布置平面图

搭配方式二：精致造型主灯 + 补光筒灯

① 主灯的造型可以精致多变，但需要符合空间内的设计风格，不然会显得格格不入。
② 筒灯的照明面积大，补光效果好，适合设计在餐厅的四角，以补充照明。
③ 当主灯的照明亮度充足时，补光筒灯可换成大光斑射灯，来营造更多的光影变化。

实景图

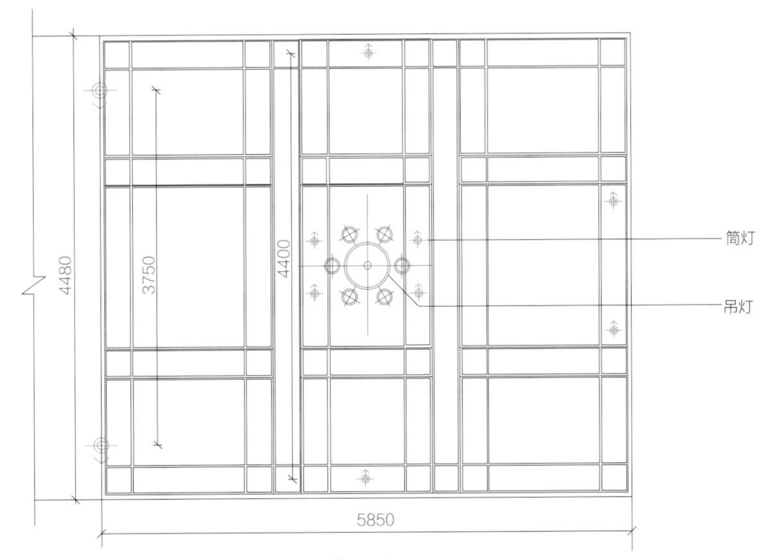

灯具布置平面图

开敞式餐厅

搭配方式一：密集分布的点光源

① 点光源的数量以及分布位置需要多且全面，才能为餐桌提供足够的照明亮度以及无死角照明效果。

② 点光源可围绕餐厅向其他空间以同样的光源设计形式延续，形成颇具整体性的照明体系。

实景图

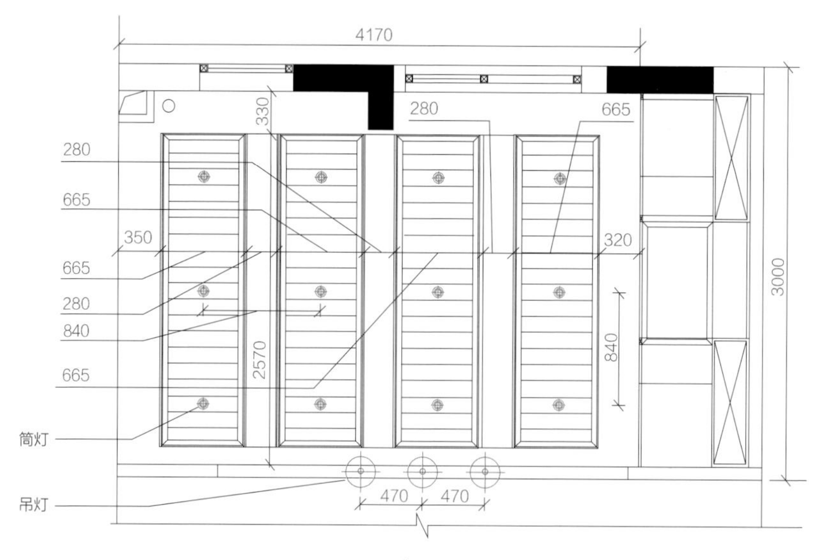

灯具布置平面图

搭配方式二：主灯（餐厅吊灯）+ 周围配饰性光源（灯带、射灯）

① 餐厅吊灯首先应具有精美的设计样式，并可成为空间内的视觉中心。

② 餐厅吊灯的照明需要柔和舒适，而不是明亮刺眼。

③ 周围的射灯或灯带等点光源仅起到烘托氛围的作用，而不需要提供充足的照明亮度。

④ 照明要突出餐桌中心区域的亮度，四周的照明要逐渐减弱，或者提供丰富的光影变化。

实景图

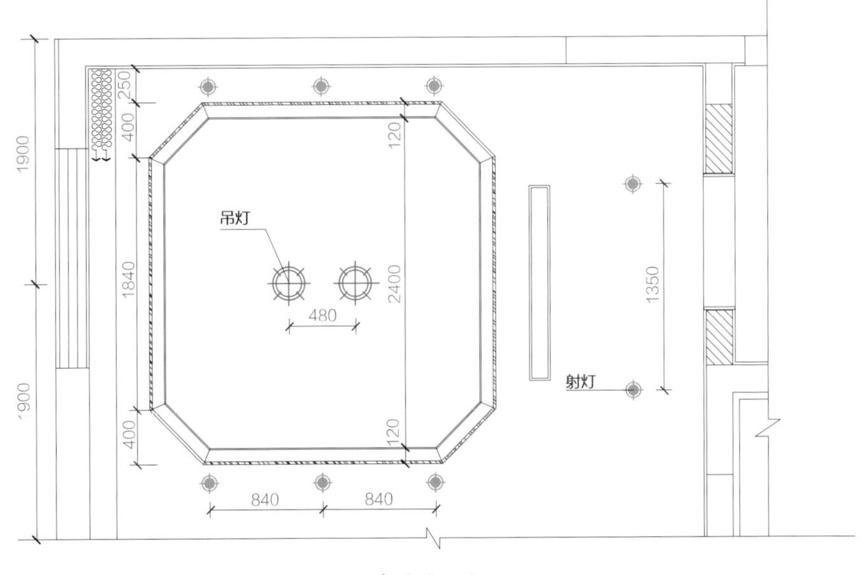

灯具布置平面图

一体式餐厨

搭配方式一：装饰主灯＋大尺寸照明筒灯

① 主灯的悬吊位置应设计在餐桌的正上方，而不是餐厨空间的中心。

② 均匀分布的筒灯设计，可使面积较大的一体式餐厨空间获得匀称的照明亮度。

实景图

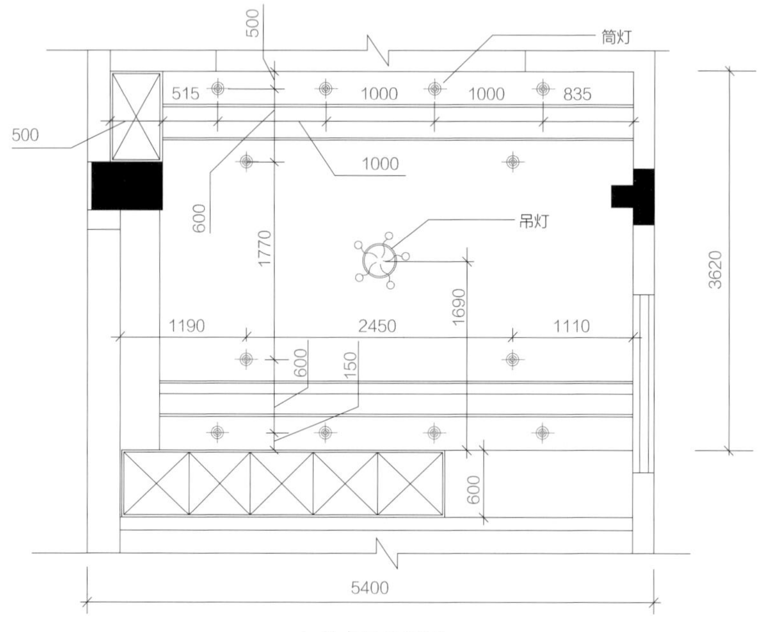

灯具布置平面图

搭配方式二：各自独立式主灯以及筒灯照明

① 可使一体式餐厨空间形成隐性的照明分隔。

② 主灯负责餐厅的照明，而筒灯则负责厨房的照明。

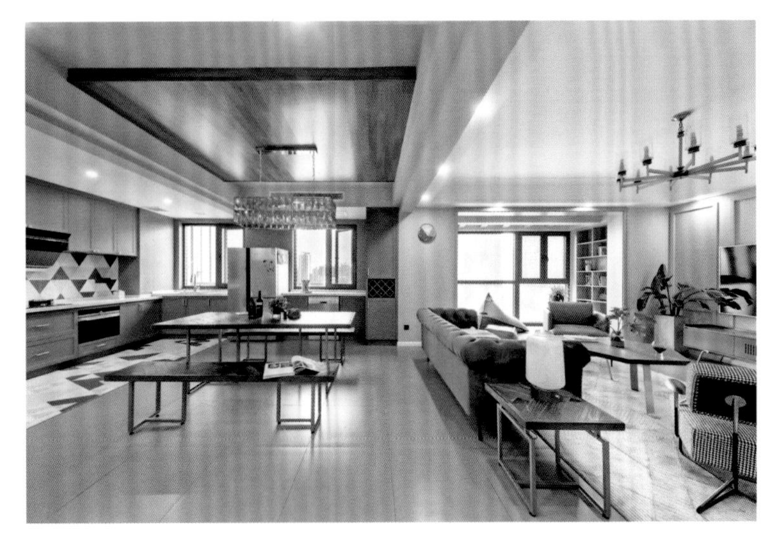

实景图

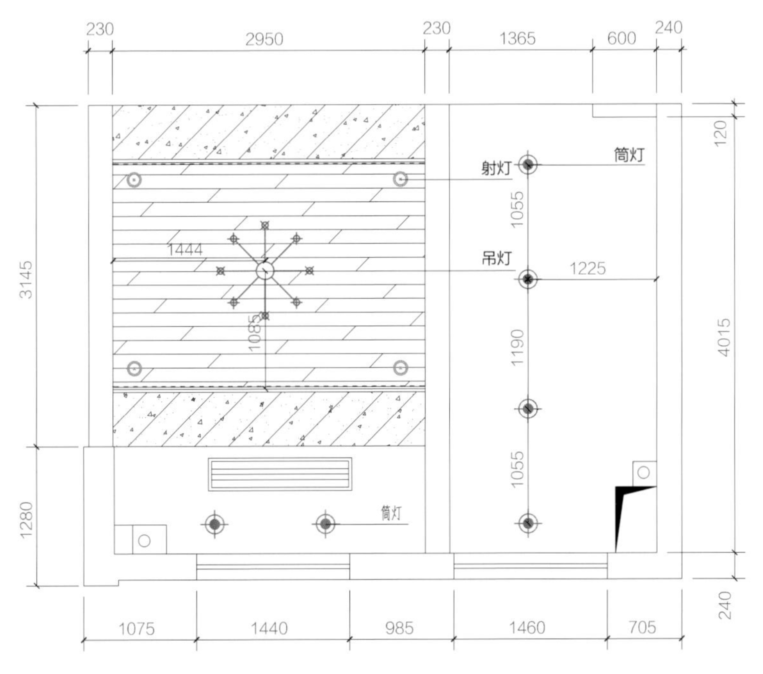

灯具布置平面图

多功能餐厅

搭配方式一：吊灯 + 间接 / 直接照明 + 活动式台灯

① 用吊灯作为主灯之外，最好再增加吊顶的间接或直接照明，或者增加工作时能够使用的活动式台灯，保护眼睛不会因光线不足而受到损害。

② 由于用餐和工作属于两种功能，对照明的照度需求也会不同，应将餐桌的灯光回路都切出来，分别转换成用餐的低色温照度及工作时的高色温照度。

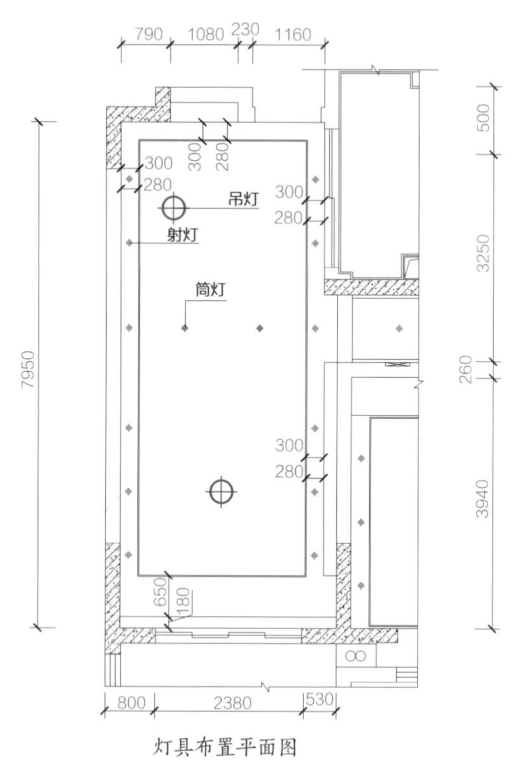

灯具布置平面图

实景图

搭配方式二：光源向下集中的灯罩

① 若是同时使用餐桌灯具与工作灯具，建议全室照明间接光源一定要打开。

② 同时，选择能让光源向下集中的灯罩，让光源集中在桌面工作区域为佳，且工作时的灯光照度不能低于 450 lx。

实景图

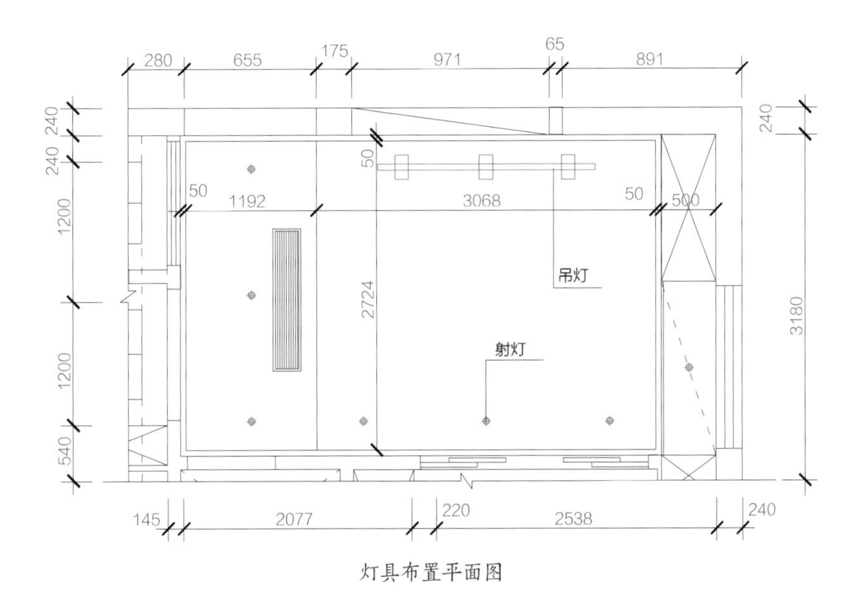

灯具布置平面图

3 卧室：光环境设计应满足温馨、恬静的诉求

卧室是人们睡眠、休息的地方，要求有较好的私密性，其照明设计应营造出安宁、恬静、温馨的空间氛围，光线上不能过于刺激，一般以柔和、淡雅为宜，以便于居住者进入梦乡。另外，卧室照明除了以暖色光源为主之外，还要考虑到人们的使用习惯及行为活动，才能打造理想的睡眠环境。

卧室照明基础要求

类型	概述
照度要求	卧室整体照度要求：参考平面为地面，照度值为 10 ~30 lx
	深夜照度要求：参考平面为工作面，照度值为 0 ~2 lx
	看书、化妆照度要求：参考平面为工作面，照度值为 300 ~750 lx
色温要求	以一般成人对卧室的明亮度要求出发，主卧室的适宜色温为 2800 K 左右
显色性要求	卧室显色指数的建议值为不低于 80 R_a

（1）卧室照明设计的原则与要点

无主灯设计，更易营造卧室的温馨感：在如今的卧室设计中，主灯常常被射灯、筒灯等点光源所代替。利用此种照明方式的卧室，整体亮度偏暗，光影变化丰富，有助于提高睡眠质量。若觉得卧室整体过暗，可增加筒灯或斗胆灯来提亮。

备注 若希望通过安装吊灯（主灯）来装点空间，则应避免使用花哨的悬顶式吊灯。其会使房间产生许多阴暗角落，也会在头顶形成太多的光线，甚至造成一种压迫感。

← 在卧房吊顶四面均匀布置的筒灯，配合卧房的落地窗，再在床头设置一盏可调光的台灯，给人带来舒适、简洁的直观感受

善用射灯以及灯带营造卧室氛围：射灯的安装位置主要集中在吊顶的四周，以及床头背景墙的位置，方便照射出墙面造型的凹凸纹理；灯带通常有一字形、回字形以及平行式三种设计形式，其中一字形比较适合小面积卧室，回字形比较适合方正的卧室，而平行式则多设计在长方形的卧室中。

备注 射灯以及灯带的照明有限，因此卧室还应搭配设计主光源。

↑ 在房间四角安装灯光柔和的筒灯，配合床头两边暖色调的小型吊灯，保持室内光源充足的同时，不会因灯光刺眼而影响睡眠环境

↑ 一字形灯带通常会安装在床头背景墙处，配合台灯及落地灯，无需主灯即可让室内足够明亮，对较小面积的卧室来说十分友好

↑ 回字形灯带可保证卧房四面均匀地被光线照射，视觉效果好，有特别照明需求的床头或书桌处，可设小型吊灯或台灯

↑ 平行式灯带较为少见，安装平行式灯带时一般会配合其他灯具使用，如台灯、吊灯等，避免室内光线不均，影响照明效果

漫射照明可以为卧室带来柔和的光线：漫射照明是利用灯具的折射功能来控制眩光，将光线向四周扩散。这类照明光线性能柔和，视觉舒适，适于卧室。另外，卧室的照明设计最好形成光线上下辉映的效果，像是床头灯、落地灯可以采用半透明灯罩，让灯罩内的光线照射至吊顶上，灯罩下的光线照射到地板上，形成漫射光线，增添浪漫氛围。

↑ *壁灯和台灯均采用了半透明的灯罩，形成了漫射光线，浪漫且可避免对人眼产生刺激*

（2）卧室不同区域的照明设计

睡眠区：① 睡眠区的主灯不限于吊灯或吸顶灯，也可以是斗胆灯、筒灯。其中，斗胆灯有充足的照明亮度，以及可多级调节的光线强弱变化。若是用筒灯做整体照明，最好选用扩散型光源，且尽量远离枕边安装。因为，若将筒灯安装在人眼的正上方，很容易产生眩光。可以将筒灯安装在房间中央或床头两侧靠墙的位置。如果想要氛围感强一些，则可以在床头部分搭配间接照明。② 建议在床边装设与门边开关连动的开关，这样在睡前不用下床去关灯，也可以避免半夜起床在黑暗中寻找开关。③ 地板灯可以安装在躺下后不会看到光源的位置，选择不太亮的 LED 灯具最佳。

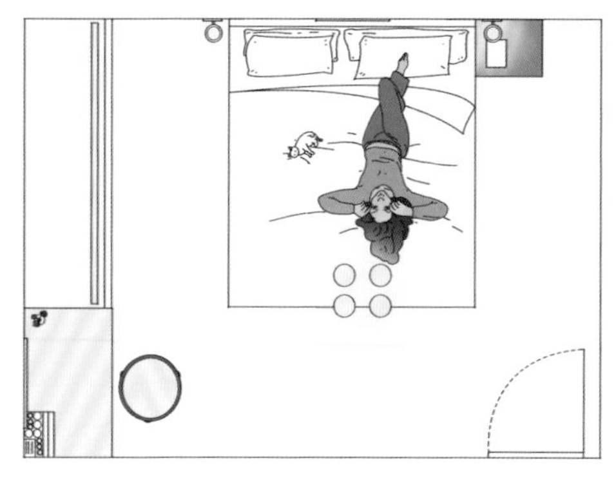

卧室睡眠区主灯布光

卧室睡眠区地板灯布光

床头区：① 床头阅读灯最适合安装的位置是在头部的侧后方（要视睡觉的位置决定是左后侧还是右后侧的上缘，以不照到人产生阴影为目的），通常是置于两侧的床头柜上。另外，台灯最好设计为左右分开控制开关与调光。② 床头柜上的台灯以黄光为佳，以便产生温暖的灯光氛围，也可以透过带有暖色系的灯罩来加强这个效果，但挑选时注意空间照度要有 150~300lx 才够亮。③若不以阅读为主，则可采用具有奇幻效果的壁灯或装饰性壁挂烛台来制造浪漫的气氛。若选择壁灯或长线吊灯，安装的适宜高度为距离枕头 600~750mm。④ 若想利用壁灯作为阅读灯，可以选择能够调整角度的款式，以便随时可调整到适当的位置。

卧室床头台灯布光

卧室床头吊灯安装高度

卧室摇臂壁灯

衣柜的一般照明：① 将灯具安装在离衣柜较近的地方，这样打开衣柜门时，光线可以照进去。可以选择宽光束的筒灯，安装在衣柜外面，但要注意与房间的灯具光色统一。② 在衣柜内部装设发热量少的荧光灯或 LED 灯等灯具，并可以用门的限动开关来控制照明灯具。另外，可以在衣柜内的上方安装照明以照亮衣柜内部（照度在 30lx 左右）。

卧室衣柜区域布光

衣帽间的一般照明：① 主灯的安装位置最好在人的动线的正上方，且灯具安装的高度不要妨碍储物。② 安装吸顶灯或吊灯时，最好选择轻巧的灯具；安装筒灯时，选择光线容易扩散的类型。③ 衣帽间柜体内的灯具要选择发热量少的荧光灯或 LED 灯；容易形成阴影的柜内下方最好也安装一个灯。

小贴士

可以通过不同的照明光色来区分睡眠区与衣帽间，如衣帽间采用白光，卧室内采用暖光，将两种不同功能区更好地区别开。

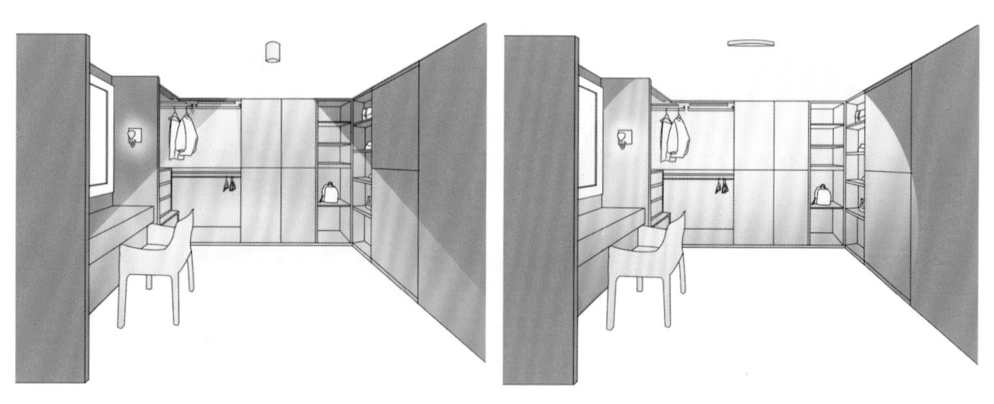

卧室衣帽间区域布光

梳妆区：① 卧室内梳妆台的镜子附近，为了让化妆效果更自然，通常都需要设置一定的照明。建议将梳妆镜摆放在靠近自然光源的地方，并在前端以辅助照明的灯具补强。② 为了避免光线在镜面上产生不美观与刺眼的现象，照明光源最好是从镜子的左右两侧投射出来，而不是从上而下散射。③ 台灯以及柜体灯带均属于局部照明光源，适合在梳妆台使用。

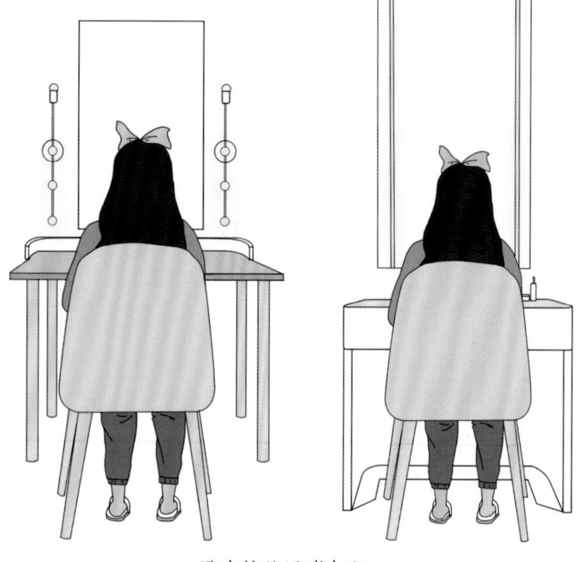

卧室梳妆区域布光

（3）卧室的常见照明搭配方式

朝南向卧室

搭配方式一：无主灯设计 + 补光照明灯带

① 朝南向的卧室有充足的自然光线，即使在夜晚，也不会昏暗。因此，不设计主灯并不会对卧室照明产生太大的影响。

② 大面积地设计暖光或白光灯带，可起到良好的补光效果，为卧室提供柔和的照明亮度，而不会破坏静谧的居室氛围。

实景图

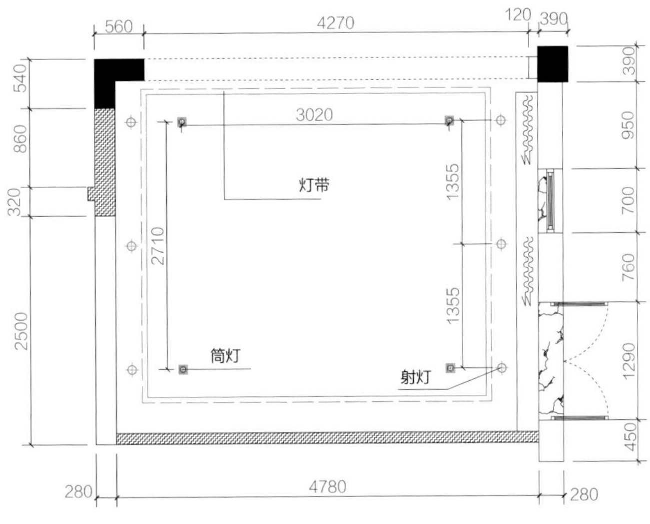

灯具布置平面图

搭配方式二：筒灯 + 台灯

① 南向卧室中仅用整齐排列的筒灯作为主照明，即可满足基本的照明需求。

② 当有阅读需求时，只需搭配床头台灯即可。

实景图

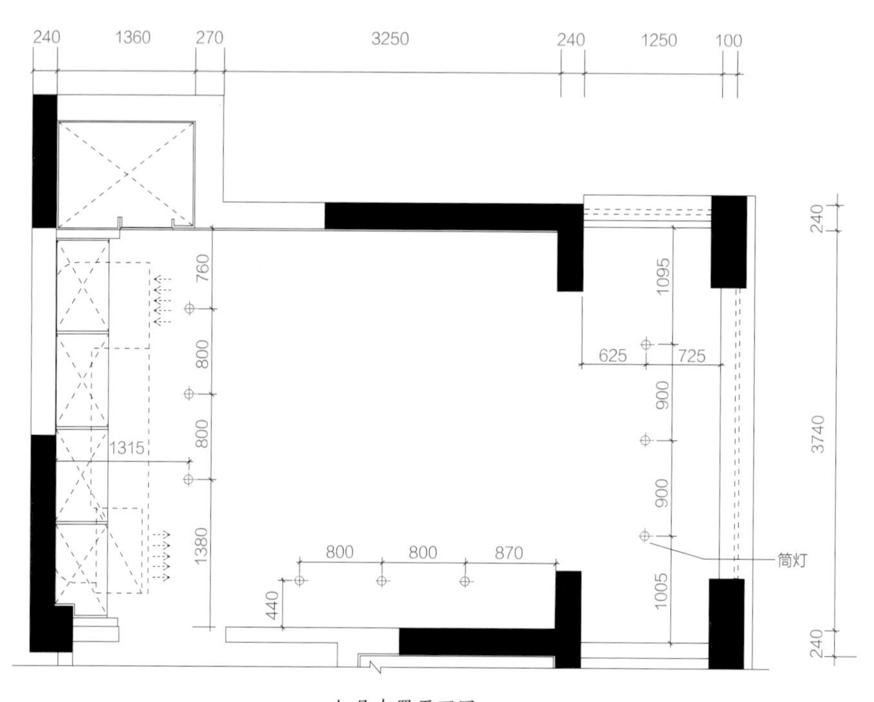

灯具布置平面图

朝北向卧室

搭配方式：高亮度主灯 + 补光灯带

① 北向卧室一般较阴冷，因此内部需要设计高亮度的主光源，使主灯的照明可以覆盖空间内的每一处角落。

② 围合式的灯带设计具有较高的装饰性，与主灯的结合设计效果良好。

实景图

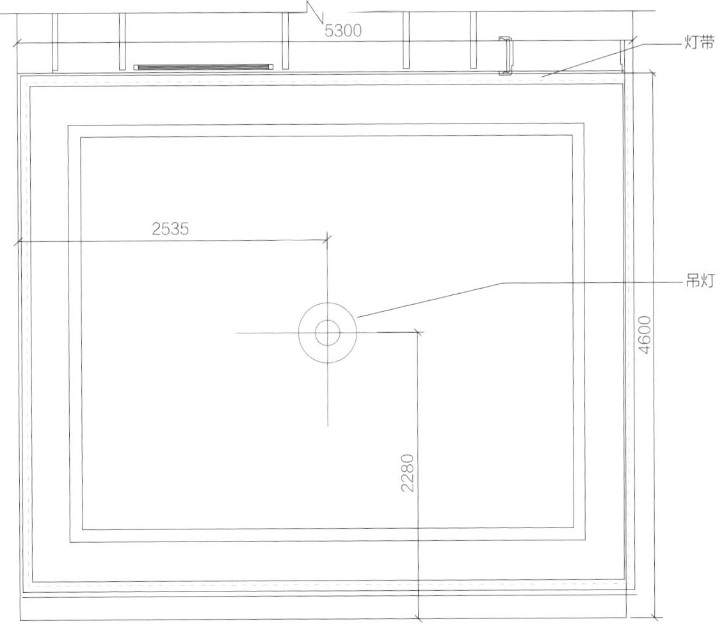

灯具布置平面图

（4）特殊人群的卧室照明设计

老人房：① 老人房的照明设计要求有较大的弹性，应有针对性地进行局部照明。例如，可以在床头装一个白色的触摸式台灯，使灯光逐渐变亮或逐渐变暗。② 老人房的照明亮度应适宜，若亮度太低，老人容易磕碰；若亮度太高，又容易破坏老人的睡眠质量，导致失眠。③ 考虑到一些老人有阅读的需求，所以对主灯的照度要求较高，但同时应设置相对低柔的辅助照明，以满足睡眠需求。④ 为贴合老年人的视觉特征，住宅内应当尽量避免聚光灯的使用，可以选用相对柔和的筒灯，或是使用灯膜弱化光线。不同区域间的光照也需要均衡过渡，尽量减少光照之间的偏差。⑤ 老人房适合在室内大面积使用暖色光，能营造出温馨、祥和的环境氛围，可达到舒缓老人情绪的作用。

↑ *老人房安装暗藏灯带以及做补充光源的吊顶射灯、床头柜的台灯，柔和的光线在保证足够照明亮度的同时，也能保障老人的睡眠质量*

儿童房：① 儿童房需要选择安全系数较高的灯具作为主要光源。可以选择生动活泼、富有童趣的灯具造型，使室内环境符合儿童活泼、好动的特点。② 对于儿童来说，聚光灯的光线太强，会在其眼睛上形成强烈的兴奋感，造成眼睛不适。由于射灯通常光线较为集中，若角度不当，容易造成孩子精神紧张，因此不适合儿童房。③ 儿童房内的床头灯最好能够调节灯的亮度，可根据孩子的不同需要在不同时间进行光强调节。如父母为孩子讲故事时，可以调暗房间照明，暗光不仅可以创造温暖氛围，还有助于促进孩子的睡眠。④ 儿童房内安装辅助照明时，最好选择带有灯罩的灯具。灯罩可以减轻灯光对儿童眼睛的刺激，也可以避免发生灯泡烧伤事故。⑤ 儿童房主灯灯光的色温值建议选择2700~4000K 的柔和暖光与中性光，避免光线过暗或过亮对孩子眼睛造成刺激，辅助灯具应该以柔和的灯光为主，控制在 3000K 以下，孩子做作业看书时，台灯、主灯都应同时亮起，色温控制在 4000K 左右。⑥ 儿童看书、学习用的照明要求光线集中、柔和、亮度均匀，书桌照度为 500~750 lx，照度均匀度不低于 0.7。

→ 儿童房中央配有颜色多样的卡通吸顶灯，生动活泼的造型符合儿童活泼、好动的特点，并且形成的漫射光线既不会过暗，又不会过亮，避免了对孩子眼睛造成刺激

→ 床头书桌等是儿童除睡眠外最常使用的地点，因此除吊顶灯光外，还可配备造型精美、光线柔和的月亮台灯或简单的线型可调节台灯，保护儿童视力

4 书房：照明设计应对视力起到保护作用

书房主要用来看书或者做临时性的办公，因此空间内的照明设计对眼睛的保护要求很高。其照明亮度不能过低，同时也不能设计一些光线刺眼的灯具，尤其在书桌的周围，灯光的照明亮度需要充足且柔和、舒适，对视力起到直接的保护作用。

书房照明基础要求

类型	概述
照度要求	书房整体照度要求：参考平面为地面，照度值为 75 ~ 150lx
	电脑游戏照度要求：参考平面为工作面，照度值为 150 ~ 300lx
	伏案操作、工作照度要求：参考平面为工作面，照度值为 300 ~ 750lx
	学习、看书照度要求：参考平面为工作面，照度值为 500 ~ 1000lx
	手工、缝纫照度要求：参考平面为工作面，照度值为 750 ~ 1500lx
色温要求	◎如仅在书房看书阅读，使用 4000K 色温可提振精神 ◎如果在书桌上使用电脑，因电脑屏幕的色温在 5500 ~ 6000 K，建议使用色温较低的照明灯具，例如用色温 3000K 左右的灯具去平衡
显色性要求	书房显色指数的建议值为不低于 90 R_a

（1）书房照明设计的原则与要点

书房适合的灯具类型：书房中的一般照明常使用配光范围较宽的筒灯或吸顶灯，局部照明常使用频闪较少或变电器类型的台灯、学习灯，装饰照明则使用 LED 灯带或筒灯。

点光源若充足，书房不需要设计主光源：书房不像客厅或餐厅等空间，其对照明亮度的要求不高。相反，书房需要营造静谧、舒适的氛围。基于这一要点，书房可以不设计主光源，而采用台灯、落地灯以及筒灯、射灯来代替吊灯、吸顶灯，将照明的光源更多地集中在书桌上。

↑ *书房吊顶上安装了能够均匀散发光线的可调节角度的射灯及间接照明来维持基本照度，桌面部分使用台灯作为阅读时的重点照明*

备注 作为临时办公的书房，是有必要安装主光源的。

（2）书房的基础照明

书房仅用整体照明会使工作区产生阴影：书房的整体照明可以采用配光范围较宽的筒灯或吸顶灯。但由于书房中的主要功能为学习和工作，仅用一个主光源会令工作区产生阴影，因此应该将主光源和辅助光源进行结合设计。

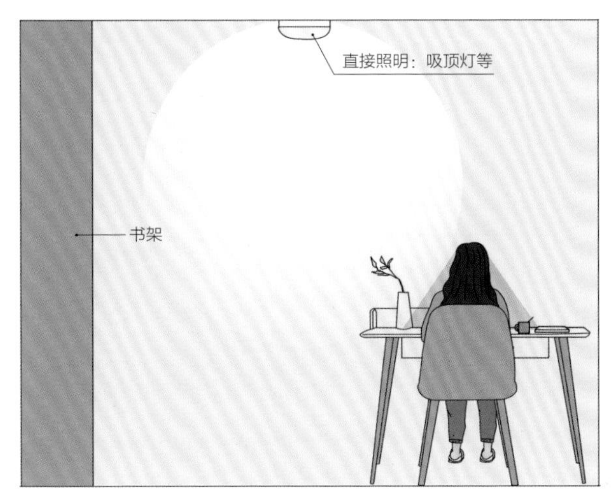

书房错误布光

（3）书房不同区域的照明设计

工作区：① 视觉工作最重要的是保证光线的均匀度，最好选择频闪较少的光源，可以缓解眼睛疲劳。② 书房工作区域的亮度要充足且适当，若书桌上方有吊柜，可以将灯光内藏于吊柜下缘，以漫射性光源为主，避免投射性光源，以防止工作时产生过多阴影。

整体照明和局部照明相结合的布光

吊柜下方装有漫射性光源的布光

阅读扩展

书桌应距离窗口一定距离以避免阳光直射，但为了充分利用空间，现在有很多人会将书桌沿着书房或卧室的窗口布置。这种情况下，建议在窗边再多做一层隔热遮阳的窗帘或遮阳板。此外，照明设计可以采取以下两种技巧，以营造良好的工作环境。

运用光感知器转换光源：窗边的书桌在白天时采光充足，因此不需要多余的灯光照明。但到傍晚时光照会逐渐变弱。如果安装光感知器，可通过其探测感知光线的变化，当室内低于某个照度时，就可以启动人工光源取代自然光源，让书房的照明能随时保持充足。

书桌应加设台灯增加直接照明：阅读需要 450~750 lx 的照明，日常照明设计难以满足要求。因此，书桌上需要加装一盏台灯，来加强直接照明，保护视力。

↑ 因为书桌靠窗摆放，所以书房内设置了纱帘，用以避免白天阳光直射产生的刺激。另外，室内照明配合光感知器使用，能够随时让书房保持足够的亮度

↑ 除书桌上的台灯外，书房中的局部空间布置了射灯，两者结合，不会带来光照死角

书架 / 书柜区：书架 / 书柜区以间接照明为主，常使用暖色光的荧光灯或 LED 灯照明，若顶面较为明亮，可以在书架上方安装间接照明，以保证房间的一般照明。另外，书架 / 书柜区的照明适合运用均衡照明的设计手法，应在灯具下方安装乳白色的亚克力遮光板，以免从下方直接看到光源；也可以用筒灯照射书架的垂直面，以便看清书架上摆放的书籍。

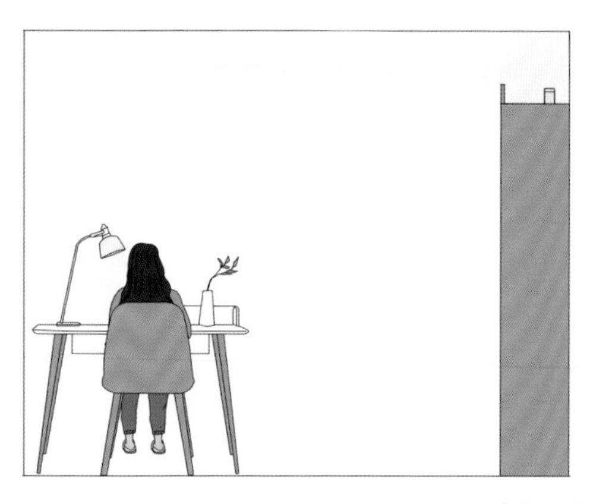

书架 / 书柜区布光

（4）书房的常见照明搭配方式

学习型书房

搭配方式一：无主灯设计 + 补光照明灯带

①台灯照射出的灯光通常是柔和的，对保护视力有很好的作用。

②灯带可提亮书柜 / 书架的照明亮度，增加书房内的设计变化，避免照明死角的产生。

实景图

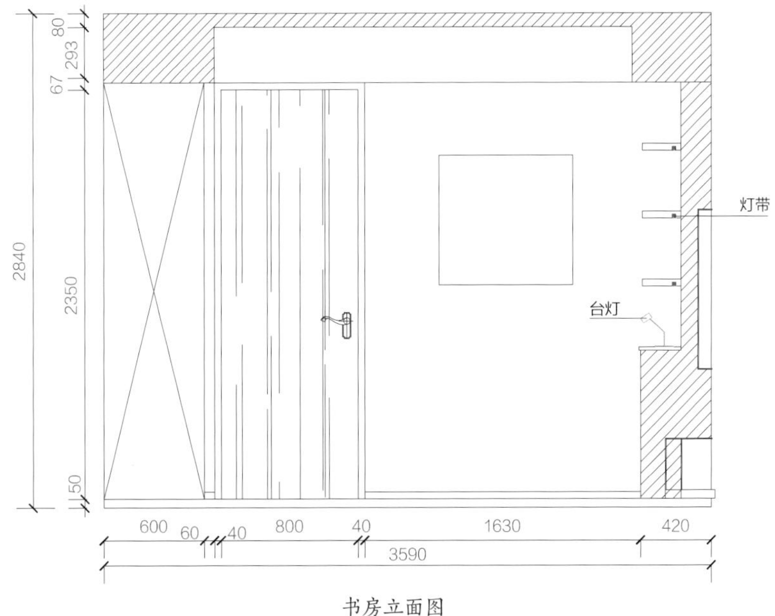

书房立面图

搭配方式二：轨道射灯 + 可调节台灯

① 可调节台灯具有可随意调节高度与转动位置等优点，方便书桌上的照明需要。
② 轨道射灯不同于台灯的局部照明，其负责书房内的整体照明，用于提亮空间。
③ 轨道射灯多安装在房间的四角，使照明分布得更加均匀。

实景图

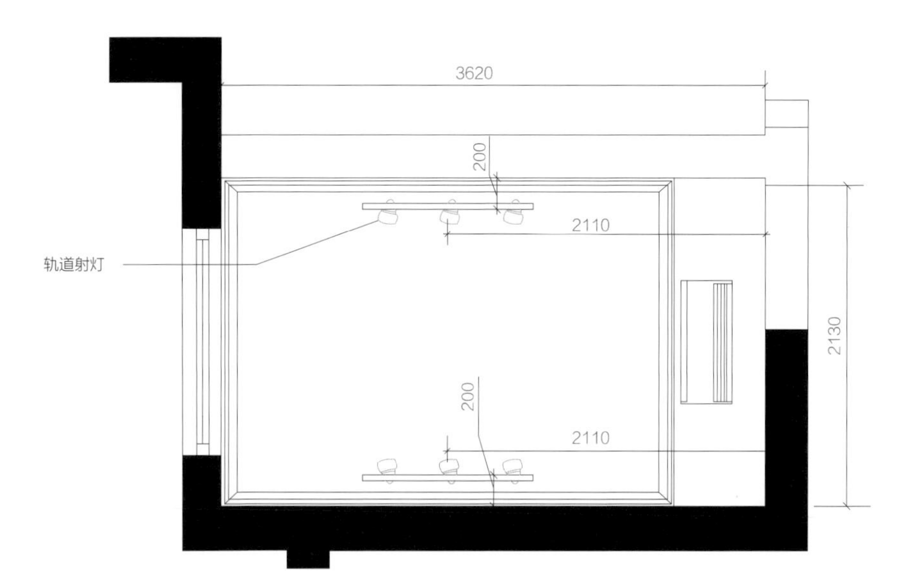

灯具布置平面图

搭配方式三：小巧吊灯 + 补光射灯

① 小巧吊灯只负责书桌以及周围的局部照明，其照明亮度柔和，光感白皙细腻。集中的照明效果，利于专注的阅读。

② 射灯用于书房内的补光，主要设计在书柜以及墙面造型的上面。

实景图

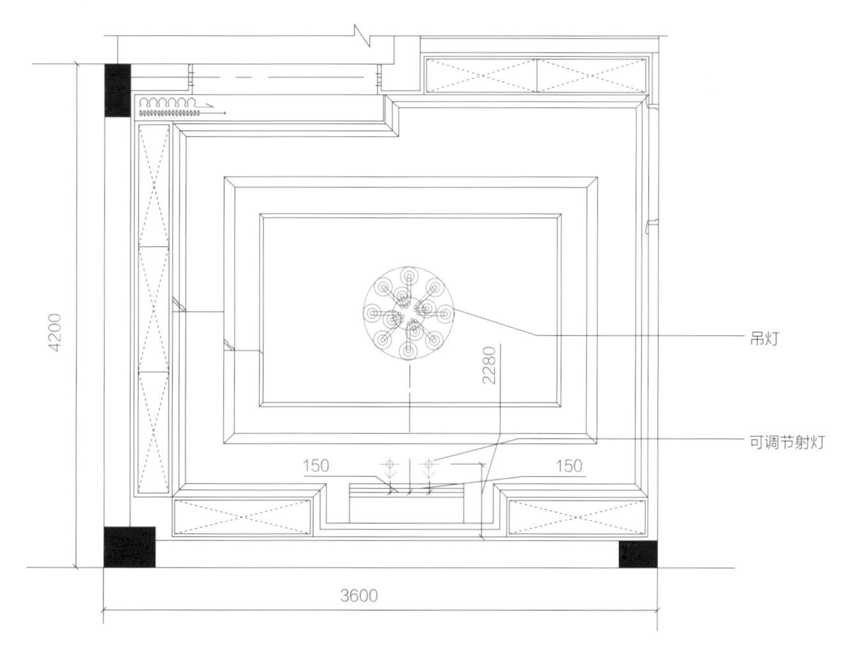

灯具布置平面图

会客型书房

搭配方式一：筒灯 + 间接照明

① 筒灯作为一般照明可以营造顶部的简洁感。

② 落地灯、台灯作为辅助照明，可以根据使用需求进行移动。

实景图

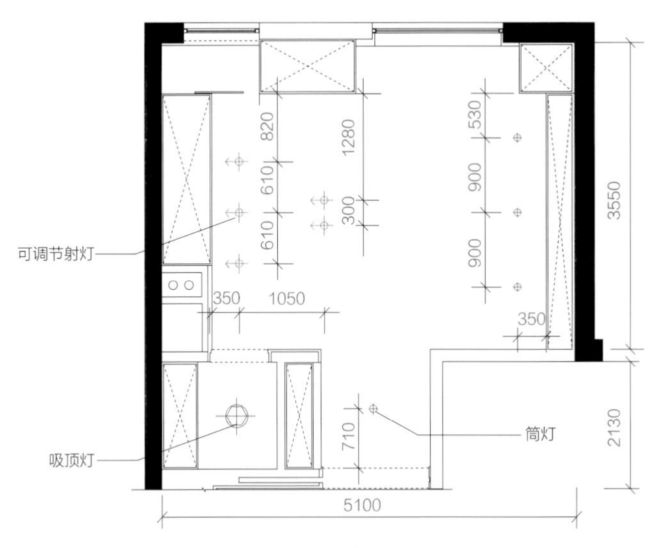

灯具布置平面图

搭配方式二：方形灯带、筒灯 + 装饰台灯

① 灯带用于书房的主要照明，而筒灯或射灯则用于补光，来提升光影设计变化。

② 由于会客的需要，台灯的装饰性比功能性更突出，一盏设计精美的台灯，往往可以成为书房内的设计亮点。

③ 无主灯的照明设计，适合一些朝南面的、窗户面积比较大的书房。

实景图

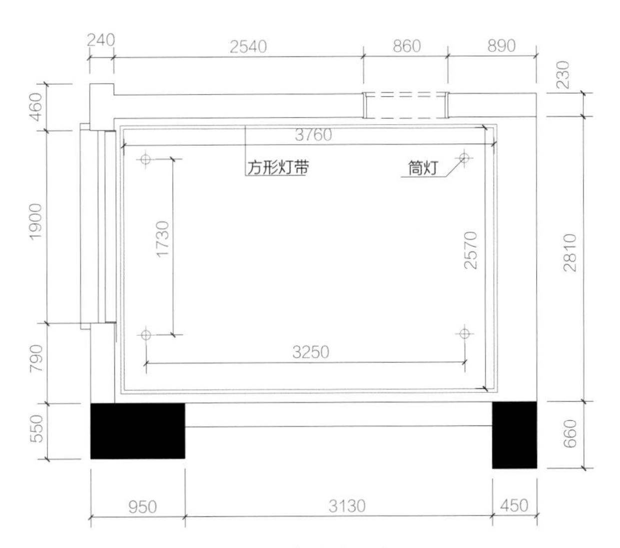

灯具布置平面图

5 厨房：照明设计应满足烹饪的照度要求

厨房属于功能区域，既不强调光影的丰富变化，也不强调灯光的温馨与静谧，而是要突出照明的实用性，即照明的亮度足、无死角、使用寿命长。另外，由于厨房是家务劳动比较集中的地方，照明设计首先应该满足做饭时的照明要求。其次，宜尽量创造能够使人愉快地进行家务劳动的良好光照环境。

厨房照明基础要求

类型	概述
照度要求	厨房整体照度要求：参考平面为地面，照度值为 75 ~ 150 lx
	操作台、洗菜池照度要求：参考平面为工作面，照度值为 200 ~ 500 lx
色温要求	◎ 如果厨房与餐厅连接，厨房的色温最好与餐厅一致，色温可偏低，2500 K 左右即可 ◎ 如果厨房是独立的，建议用高色温，但不宜超过 4000 K
显色性要求	厨房显色指数的建议值为不低于 80 R_a

（1）厨房照明设计的原则与要点

厨房每个角落都需要照明：厨房中的每个角落都需要照明，这也是跟其他空间比最重要的一个区别。厨房中最需要的照明是均匀的、明亮的、没有阴影的、高显色性的。常见的厨房主灯包括嵌灯、日光灯和流明天花板等，主要为了让整体空间有自然均匀的光线。另外，会在料理台、水槽和灶台等工作区上方的吊柜处增加重点照明。

→ 厨房以 LED 筒灯作为一般照明，操作台上方吊柜的上端和下端均设置了日光灯作为局部光源，在能够满足操作所需均匀光照的同时，让厨房也显得更加简洁、大方

小面积厨房中筒灯装设的要点：在面积不大的厨房中，为了考虑功能性，通常会使用较多的筒灯，为了令空间显得干净利落，应在保证足够照度的同时，削弱灯具的存在感。例如，在厨房吊柜的上方，紧挨墙壁的一侧加装间接照明，筒灯的安装数量就可以大大减少。因为橱柜宽度足够，且在视线的上方，所以此处的灯具可不做遮挡。另外，间接光源同时照射到吊顶和墙面上，还能让空间显得更加宽敞、整洁。

↑ 厨房吊柜距离顶面留出了约 400mm 的距离，而后在吊柜的顶面埋设光源，形成间接光照让厨房显得更明亮、宽敞

（2）厨房的基础照明

独立式厨房应考虑功能性照明：对于独立式厨房，若只采用一般照明，在做饭时，身体会遮住光源，人站立的地方会形成阴影，让人看不清操作台，因此建议在规划厨房照明设计时，最好把一些功能性照明一并考虑进去。

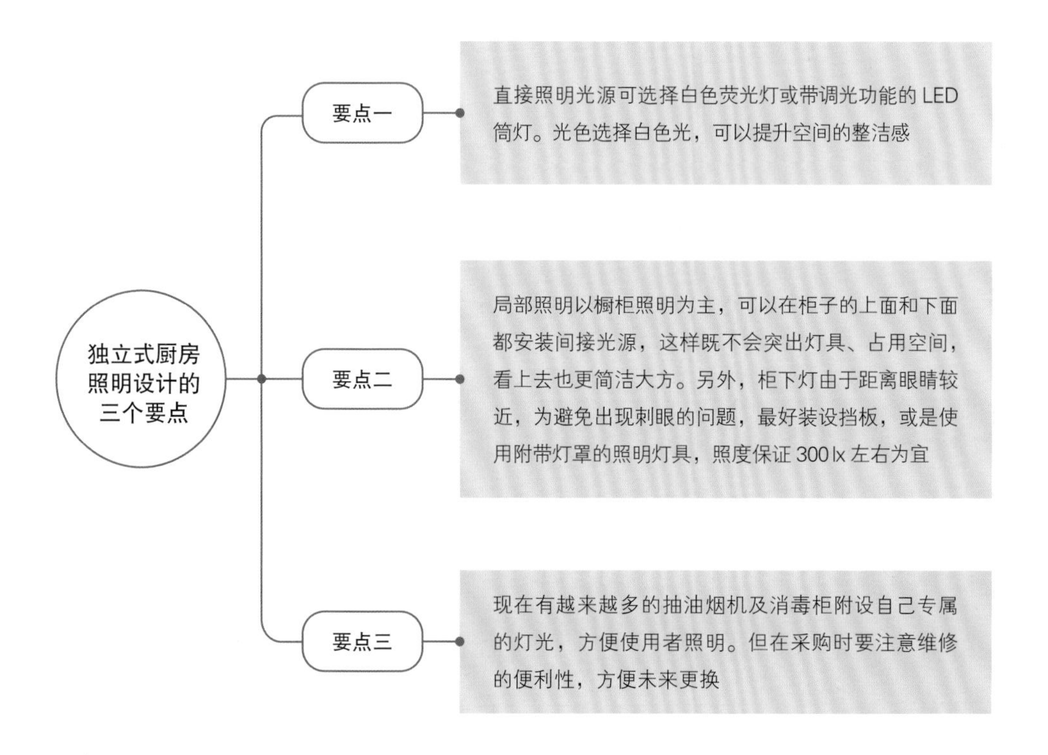

安装用于整体照明的吸顶灯时，要注意将其安装在吊柜等不会遮挡住光线的位置

独立式厨房错误布光

独立式厨房正确布光

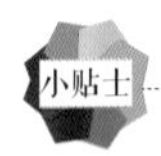

独立式厨房内经常炒菜，通风效率较低，会产生大量的油烟，若灯具的造型繁复，上面落满油烟会难以清洁，并影响照明效果。因此，像这一类的厨房，里面的灯具越简洁就越实用。也就是说封闭式厨房内的灯具，不需要太多地考虑其本身的装饰效果。

开放式厨房照明应考虑临近空间：若厨房与餐厅相连，或是与其他功能区在同一个空间时，整体可统一使用暖色光。另外，开放式厨房往往会设计吧台或者岛台，并且在吊顶的设计中采用石膏板或纯木材等材料。因此，在灯具的设计中，就不是简单的集成吸顶灯，而会相应地搭配射灯以及筒灯，以烘托出厨房的光影变化。

备注 建议在中岛上方再加强照明，如直接照明的投射灯、窄光束的筒灯等，且保证操作空间达到300lx的照度，并另设一回路或开关，以便切换情境。

带有中岛台的厨房布光

(3)厨房的常见照明搭配方式

独立式厨房

搭配方式一：照明筒灯组合

①当厨房设计石膏板吊顶时，适合安装筒灯组合来为空间照明。

②筒灯有一字形、双行排列等设计形式，主要取决于厨房的形状。狭长的厨房适合前者，方形厨房适合后者。

③筒灯有大尺寸与小尺寸的区别，一般大尺寸的比较省电，因为安装得少；小尺寸的亮度足，但有时容易坏。

实景图

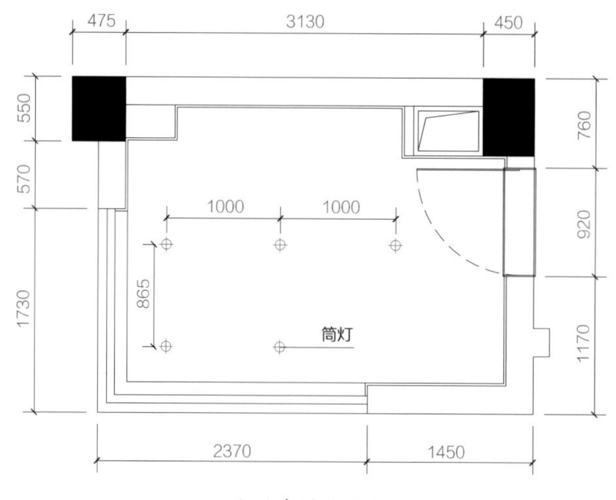

灯具布置平面图

搭配方式二：集成照明灯

① 集成照明灯通常会设计在有集成吊顶的厨房内，其照明白皙，光感接近日光照明。

② 集成照明灯有正方形与长方形两种样式，依据不同的空间面积而设计。

实景图

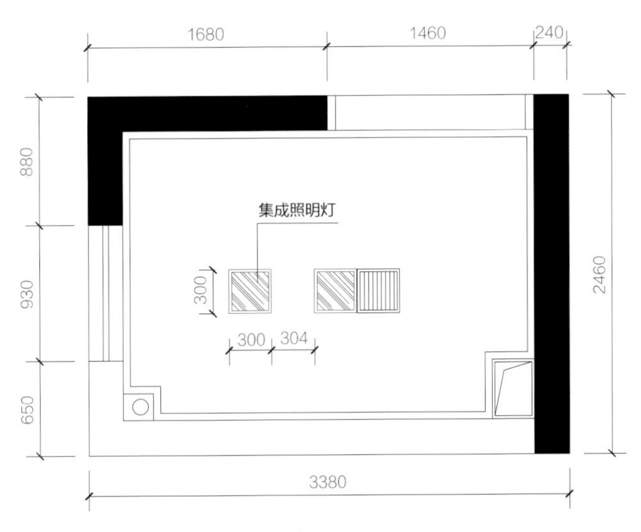

灯具布置平面图

搭配方式三：集成照明灯 + 射灯 + 吊柜补光射灯组合

① 厨房吊柜下面的空间是照明的死角，吊顶中的主灯不能照射到那里。设计射灯，则能很好地补充局部的照明亮度。

② 吊柜补光射灯有光斑变化，有照明温度，因此其不仅具备实用性功能，还具备一定的装饰性。

实景图

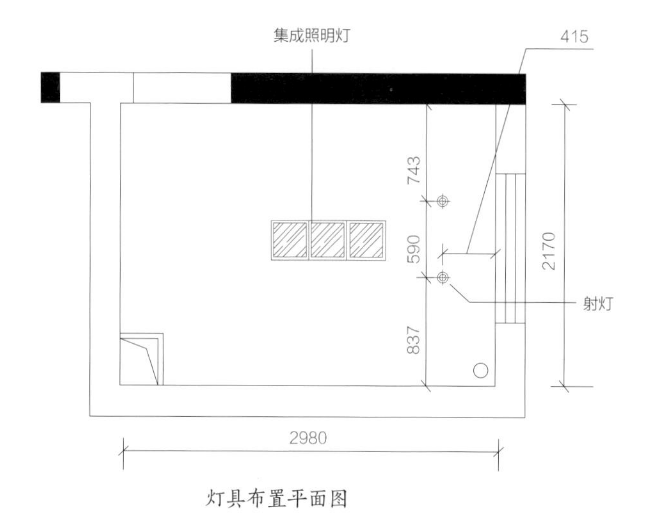

灯具布置平面图

开放式厨房

搭配方式一：小巧吊灯 + 照明筒灯

① 开放式厨房照明不仅要注意照明亮度，更要注意照明的装饰美感。设计精致的小巧吊灯便是为了展现灯具的装饰性。

② 筒灯的光色与吊灯的光色可以彼此区别开，一种选择白光，另一种选择暖光，这样设计出来的空间，更具视觉冲击力。

实景图

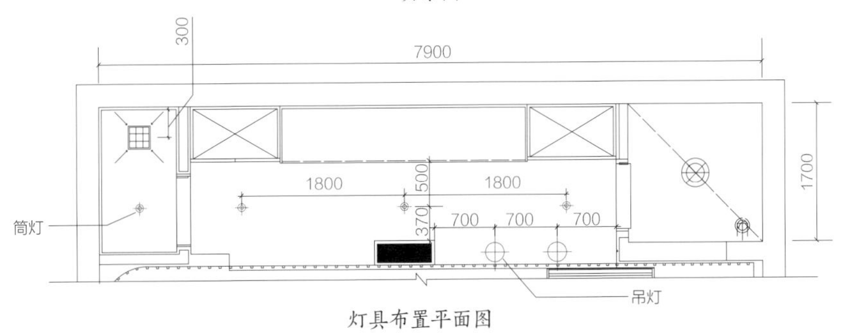

灯具布置平面图

搭配方式二：防雾气吸顶灯＋补光筒灯

① 厨房内经常产生油烟，影响灯光的照明效果。设计防雾气吸顶灯便可规避这类问题的发生。

② 设计在厨房内的吸顶灯往往不会很大，因此需要在局部设计筒灯来进行补光。

实景图

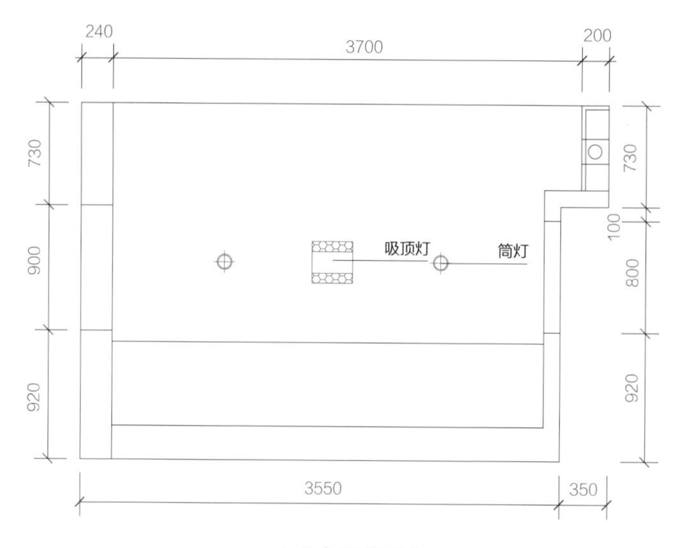

灯具布置平面图

搭配方式三：筒灯 + 暗藏灯带 + 装饰吊灯

① 厨房的主体照明由暗藏灯带与筒灯来完成，而吊灯则负责局部的照明以及装饰。

② 这种照明搭配可使厨房展现出现代时尚的设计感。

实景图

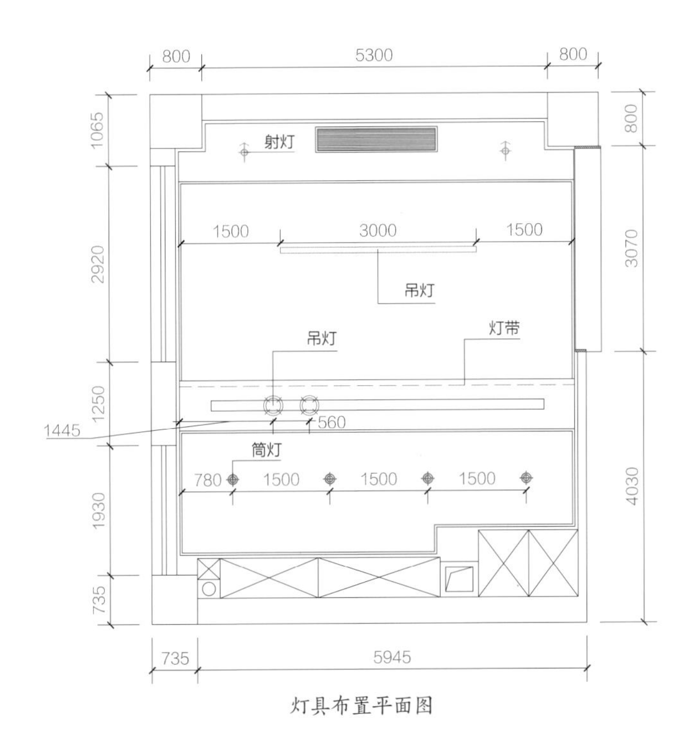

灯具布置平面图

6 卫生间：照明设计应避免阴影的产生

卫生间的照明设计应符合几个层级的变化，一是主照明光源，可以提亮空间的整体亮度；二是镜前光源，用于局部照明以及日常生活中的频繁使用；三是淋浴光源，其中灯暖、浴霸不仅可以提供亮度，还具有温暖的热度。

卫生间照明基础要求

类型	概述
照度要求	卫生间整体照度要求：参考平面为地面，照度值为 50～100lx
	洗衣照度要求：参考平面为工作面，照度值为 150～300lx
	化妆、洗脸照度要求：参考平面为工作面，照度值为 200～500lx
色温要求	卫生间内的色温在 1000K 左右即可，不宜太高
显色性要求	卫生间显色指数的建议值为不低于 80R_a

（1）卫生间照明设计的原则与要点

依据卫生间面积规划照明搭配：面积较大的卫生间可以在基础照明、重点照明之外，利用装饰性较强的造型灯具来增加卫生间的特色。面积较小的卫生间则仍以基础照明和重点照明为主，可以先以亮度足够的间接照明或灯带作为基础照明，在满足亮度需求之后，在使用频率较高的洗手台上方设置重点照明。

→ 干区用筒灯均匀布置进行照明，并在洗手台的镜面上方设置灯带，以及款式简单的小巧吊灯，以保证整理仪容时的光线充足；干区的光线通过透明的玻璃传到湿区，使湿区仅设一条灯带就能保证充足的照明

灯具应安装在水源碰不到的地方： 卫生间内的灯具需具备防水、散热及不易积水等功能，材质上建议选择玻璃或塑料。同时，因卫生间比较潮湿，如果不小心很容易发生漏电事故。所以，空间内的灯具，尤其是需要安装在墙面上的灯具，应将其位置安排在水源碰不到的地方。

→ 长线吊灯位于洗手盆的右侧，虽然高度较低，但离水龙头有一定距离，洗手、洁面时的用水不会溅到灯罩上，因此具有一定的安全性

（2）卫生间的基础照明

可调光的整体照明： 卫生间内可采用调光开关，以确保在正常时段和深夜都能有各自所需的亮度。正常使用时段 100% 开灯，照度在 75lx 较为合适。夜间照度在 2lx 左右比较合适，可以使人在夜间使用时不会被刺激得过于清醒。

白天

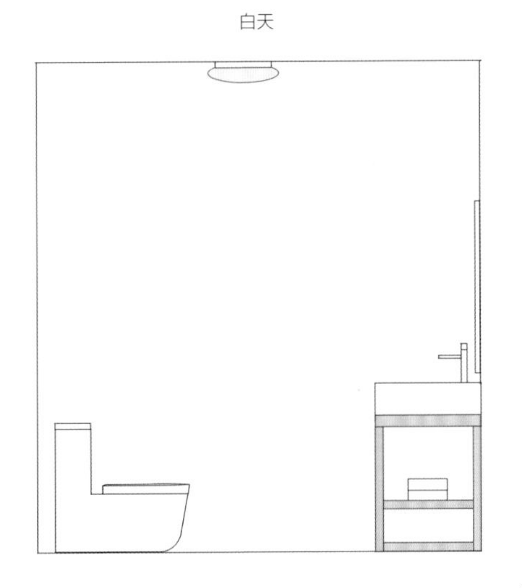

夜晚

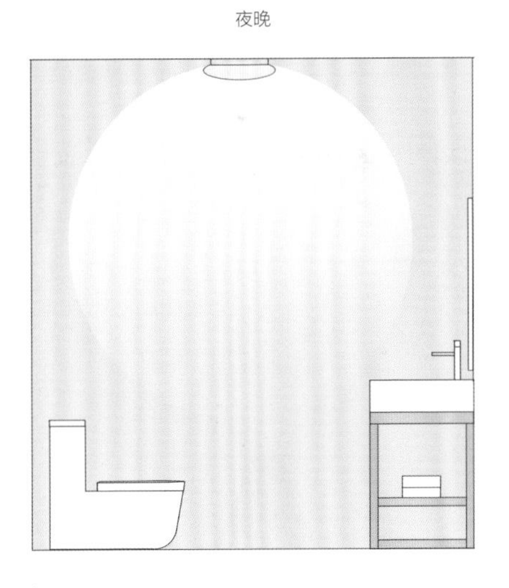

卫生间整体照明

如果卫生间的整体照明使用的是 LED 筒灯，则不建议将其安装在吊顶的中心处。可以靠近墙壁安装，尤其是背景墙或者洁具集中的一侧，能够使卫生间内光影的层次感更清晰。除此之外，花洒的正上方还可以设计一盏筒灯，能够在淋浴时表现出水滴的美感。

（3）卫生间不同区域的照明设计

盥洗区：卫生间的自然光线较差，主光源的照明又比较明亮，这会导致居住者在照镜子时，里面呈现的影像不真实，面貌容易看不清楚。因此，要设计镜前灯来规避这类问题的发生。镜前灯的选择有很多，如射灯、壁灯以及暗光灯带等。另外，镜前灯需要有良好的定向照明才能起到作用。

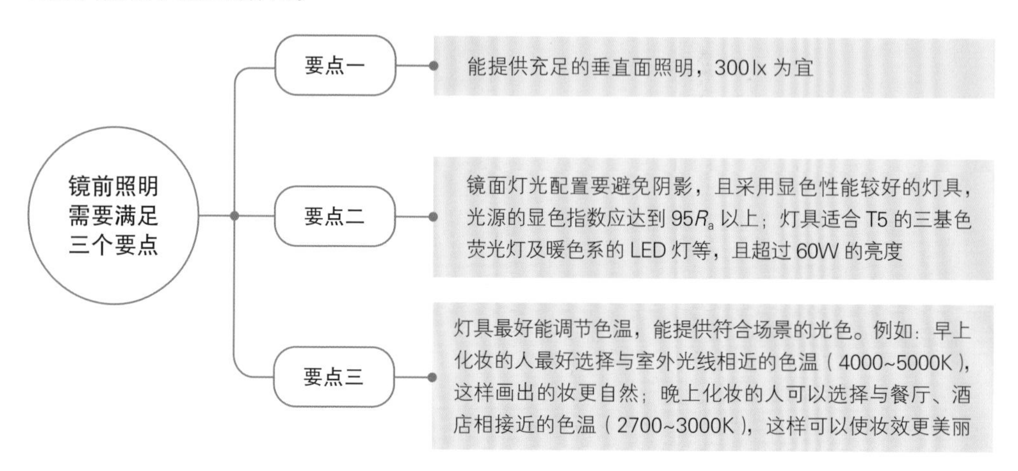

镜前灯常见的安装方式

镜子两侧安装镜前灯

◎将灯具安装于镜子两侧，如果是灯泡需掌握好距离。

◎可以将光线均匀地投射在面部的正前方，使人在照镜子时面部亮度均匀，没有阴影。

◎由于灯具会突出于镜面表面，设计不当则会产生眩光。

镜子两侧安装嵌入式灯具

◎不容易产生眩光，灯具也不会突出于镜面。

◎可以选择自带镜前灯的镜子，灯具藏于镜子的两侧。

◎如果洗手台太大，会导致镜子两侧发光带的间距过大，或灯具发光角度太小，使光线照射到人脸的两侧，而不是正中间。

镜子上方安装镜前灯

◎来自上方的均匀光线更符合自然光的投射方向，使垂直面和洗手台照度充足。

镜子下方安装镜前灯

◎灯具暗藏在镜子下端，这种间接的照明方式可以突出并强化镜子周围的环境。

◎应保证光源的光输出足够，否则光线在多次反射消耗后，真正能到达使用者面部的会非常少。

镜子上、下方均安装镜前灯

◎同时在镜子的上方和下方埋设光源形成间接效果的照明，也可以比较均匀地照亮人的面部，同时还能够照亮环境。

◎要注意照度的选择，应保证光照的充足。

镜子四周安装镜前灯

◎在镜子周围安装一圈雾面玻璃小灯泡，被称为“百老汇灯光”。

◎此种照明方式是将光源照射到脸上的最好方式。

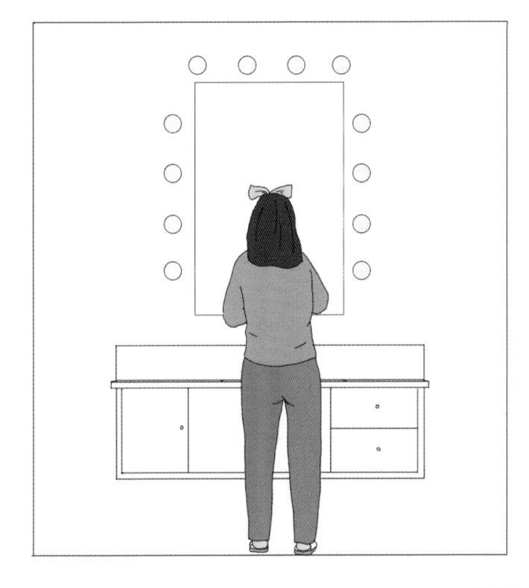

沐浴区：沐浴区通常在花洒处安装壁灯或筒灯来保证整体照明，照度在 100 lx 左右为宜，光色应选择暖色，以提供舒适的照明效果。另外，筒灯适宜选择灯泡型荧光灯，若选择卤素灯，虽然可以增强光线效果，但是会突出阴影部分，对于适应明暗功能已经下降的老年人来说不太友好，容易产生视觉疲劳。

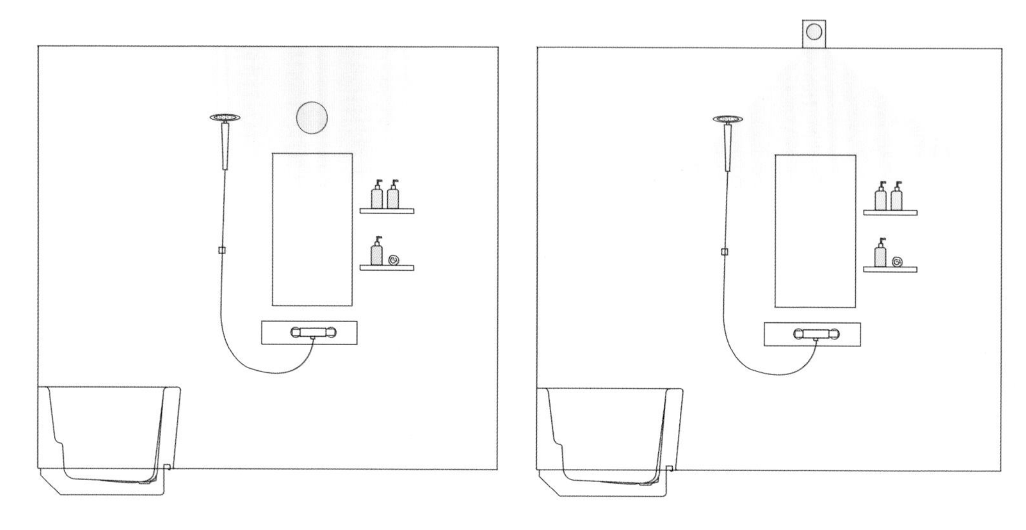

卫生间沐浴区照明

如厕区：有些卫生间为了增加储物能力，会在坐便器的上方安装一个吊柜，可以在吊柜的上方和下方安装间接照明，形成灯带效果的照明，无需安装挡板，基本能够保证小空间内充足的照度。

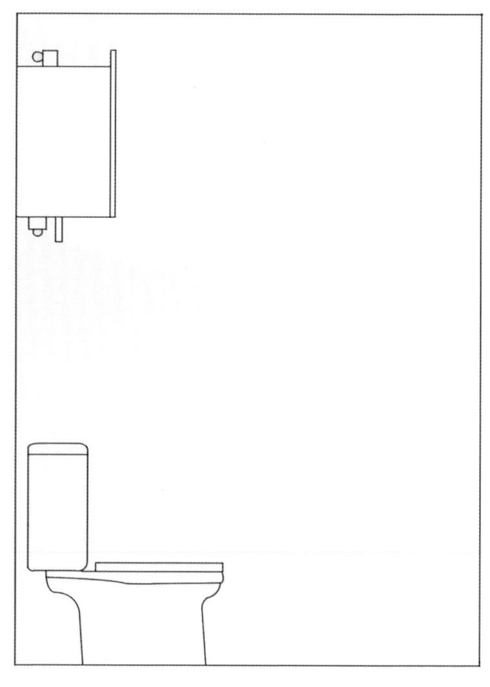

卫生间如厕区照明

（4）卫生间的常见照明搭配方式

干湿分离型卫生间

搭配方式一：干区射灯 / 筒灯 + 湿区照明灯

① 将射灯或筒灯安装在镜子的正上方，可取代传统的镜前灯，但需要注意的是，射灯的照明会有轻微的阴影，使镜子中的成像失真。

② 湿区面积小的卫生间同样可以安装射灯，以满足照明需要，有时灯暖浴霸也可取代照明功能。

实景图

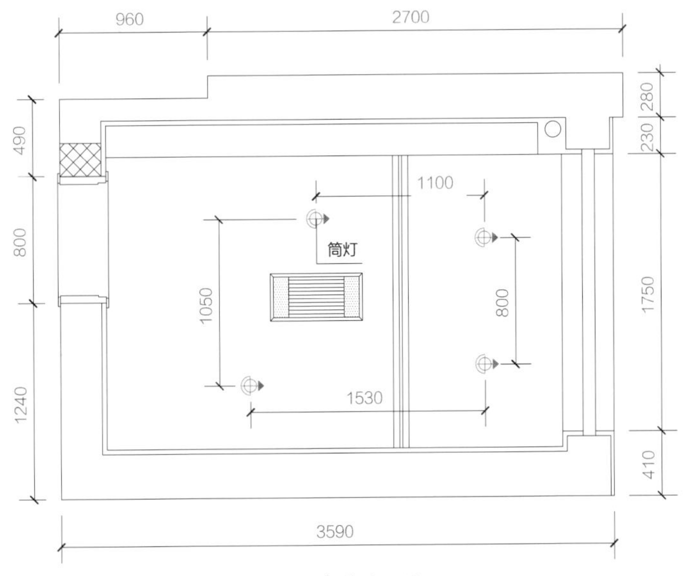

灯具布置平面图

搭配方式二：干区小巧吊灯

① 小巧吊灯的照明亮度足，对整个干区能起到很好的提亮效果。

② 精致的吊灯形态，体现出空间设计的复杂性与多元性。

实景图

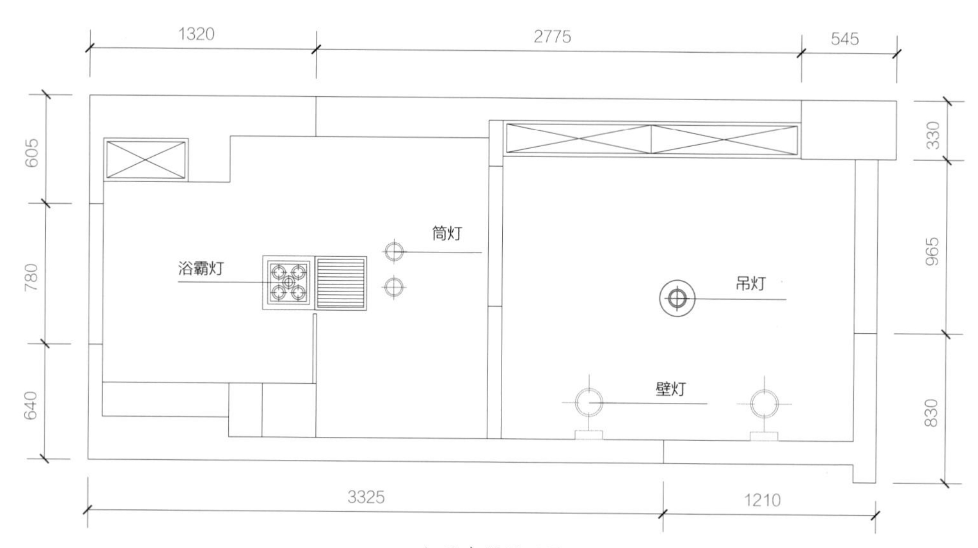

灯具布置平面图

搭配方式三：干区一体式浴霸照明

① 一体式浴霸照明只能安装在设计了集成吊顶的卫生间中。

② 更适合小面积卫生间，不适合设计在大面积的卫生间中。

③ 浴霸照明的灯光白皙，接近日光，使用寿命久，不容易发生问题。

实景图

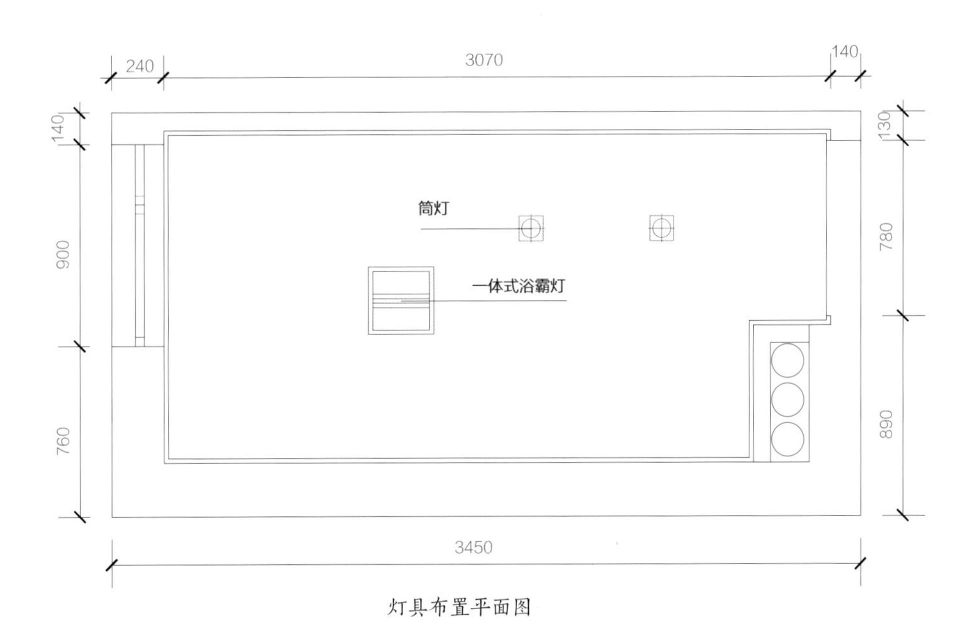

灯具布置平面图

传统封闭型卫生间

搭配方式：精致主灯 + 方形灯带 + 装饰射灯、壁灯

① 这种照明组合适合设计在面积较大的卫生间中。

② 主灯的照明光色需要和灯带保持一致，形成一个立体的照明组合。

③ 射灯既可用于空间内的补光，也可照射在墙面中突出墙面造型，丰富卫生间内的光影变化。

④ 壁灯通常会设计为镜前灯，而且其设计样式往往和吊灯相互呼应。

实景图

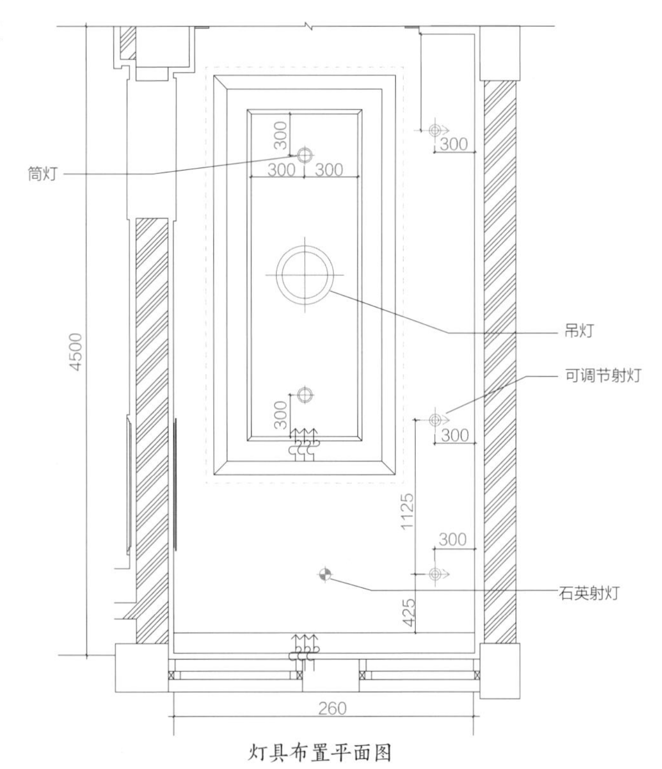

灯具布置平面图

（5）利用灯光设计改善卫生间的缺陷

狭窄型卫生间：在狭窄的卫生间中，通常窄墙一侧是进门后人们面对的墙壁，在此处设计间接照明，既能够照亮空间又能够增加宽敞感和艺术气息。同时，可在洗手台上方安装适合的镜前灯，来保证局部功能性的照明。

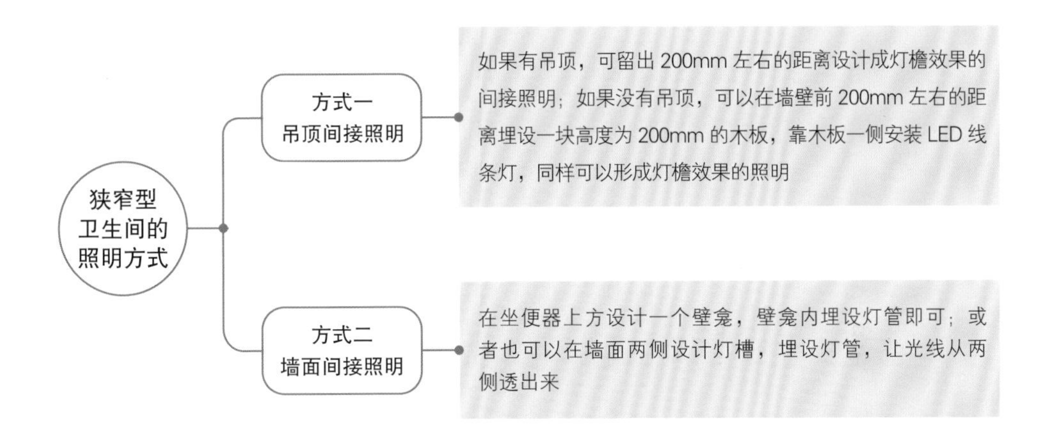

↑ 窄墙一侧的顶面设计为灯檐式的间接光源

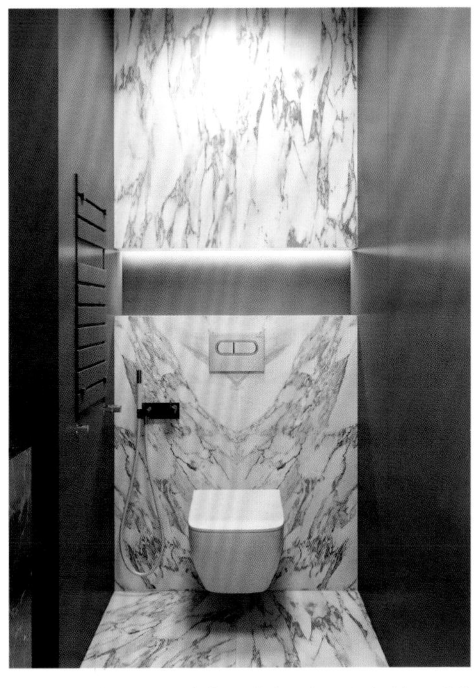

↑ 窄墙一侧设计了壁龛，壁龛顶部埋设灯管，形成间接光源

7 玄关：照明氛围应与整体空间风格相一致

玄关是步入住宅的第一个功能空间，也是整个住宅文化、品质给人的第一印象。玄关的照明氛围最好能与整体空间风格相一致，除了为整个玄关提供环境照明，还兼有一定的装饰照明作用。

玄关照明基础要求

类型	概述
照度要求	玄关整体照度要求：参考平面为地面，照度值为 75～150 lx
	穿脱鞋、穿脱衣服照度要求：参考平面为工作面，照度值为 150～300 lx
	照镜子、整理仪表照度要求：参考平面为工作面，照度值为 300～750 lx
色温要求	◎色温不宜过白，白光会令人进门时感觉刺眼 ◎适合的色温大约为 2800～4000 K
显色性要求	玄关内显色指数的建议值为不低于 80R_a

（1）玄关照明设计的原则与要点

玄关照明设计应从功能性出发：从玄关照明使用的目的性来看，其主要功能是为居住者整理仪容服务，而不需要长时间的照明。可以考虑在玄关入口及进入客厅的两个端点设置双向开关或安装感应式开关。

↑ *能够调整位置和照射方向的轨道射灯，在玄关内既可以作为一般照明来照射地面，又可以作为局部照明来照射墙面。另外，应将开关设置在门口，方便进出门时随手开关灯*

依据玄关面积选择灯具的大小：面积较大的玄关可以选择吊灯、吸顶灯等装饰性较强的灯具，以起到丰富玄关的效果，也可以搭配亮度较高的嵌灯作为辅助光源，使整体区域更明亮；面积较小的玄关，最好用宽光束的筒灯来保证均匀的照度，并采用嵌入式安装，以节省玄关狭小的空间。

↑ 玄关面积较为宽敞，可选择用造型简单的吊灯作为整体照明，并在装饰画上方安装一盏局部照明的暖光灯，满足照明需求的同时让美感更加突出

↑ 玄关的面积比较小，可在装饰画和花瓶的上方及柜体下方分别设计暖色的筒灯、射灯及灯带作为局部照明，既节省空间又可以给人以扑面而来的温馨感

（2）玄关的基础照明

整体照明应柔和：玄关的整体照明应具有柔和的光线，并应保证主人和访客能互相看清彼此的脸庞，因此灯具装设的位置不应距离入室门过近或过远。另外，在室内玄关中还可以用附带反射镜的无眩光筒灯来作为整体照明。

玄关整体照明

柜体照明烘托回家气氛：① 玄关处一般多搭配定制柜做收纳，有时为了美观并减轻玄关柜的重量感，会将中段挖空，或分为吊柜和地柜两部分，除了便于摆放小物，还可以搭配内嵌光源，作为玄关辅助光源。② 若是悬吊柜，则可以在下方设计内嵌灯光，让柜体变得轻盈，同时也具有指引客人进入客厅的引导作用。柜体下方距离地面约 300mm 的位置，是设计间接照明的适合位置。③ 可以在定制柜的附近或上方安装集中配光的射灯来照射装饰品，营造迎客气氛。④ 如果有镜子，可以在镜子上装设镜灯，照度以 500lx 为宜。

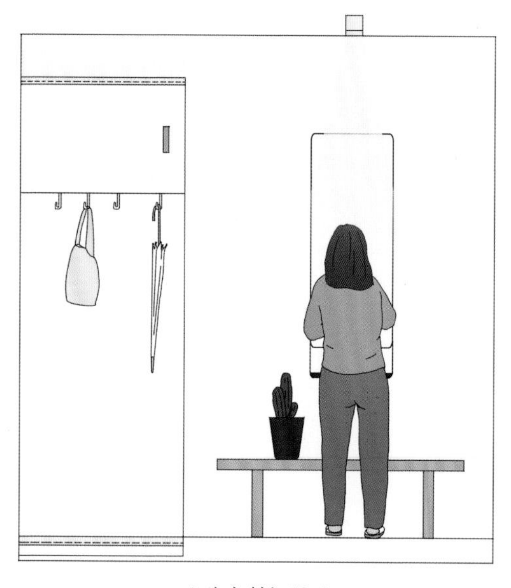

玄关定制柜照明

（3）玄关的常见照明搭配方式

搭配方式一：照明主灯 + 灯带 / 射灯 + 装饰壁灯 / 台灯

① 主灯搭配灯带是一种常见的照明组合，这样设计可增加玄关的整体性。

② 玄关的面积较小，不需要补光照明，而是需要多变的光影来增加空间纵深感。因此，点光源应多设计射灯。

③ 当玄关有端景柜时，适合在上面设计台灯或者装饰壁灯，反之则不需要。

实景图

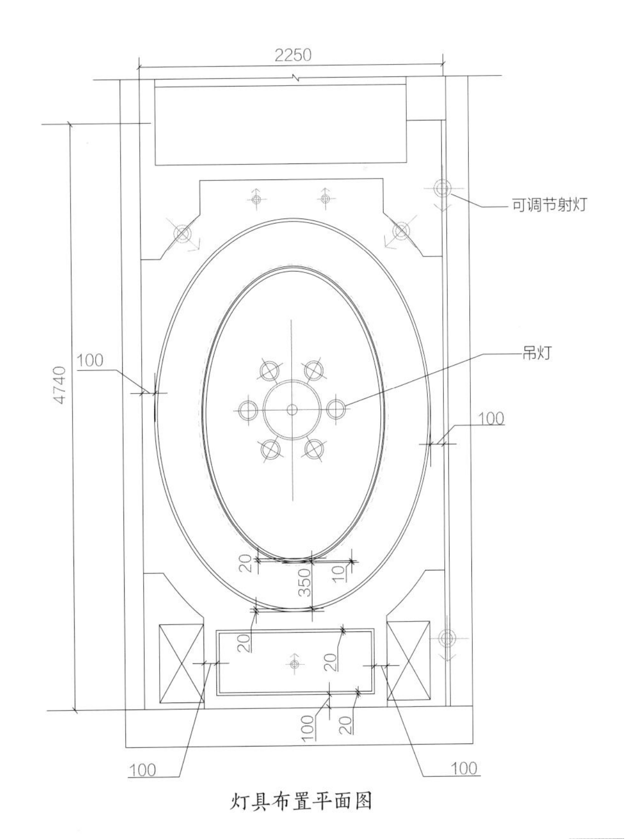

灯具布置平面图

搭配方式二：大光斑射灯 + 适中亮度的主灯

① 射灯需要设计在端景墙的一端，通过明显的光斑照射来突出墙面造型的主题。

② 但主灯的亮度不可太亮，否则会抢夺射灯的照明效果。

实景图

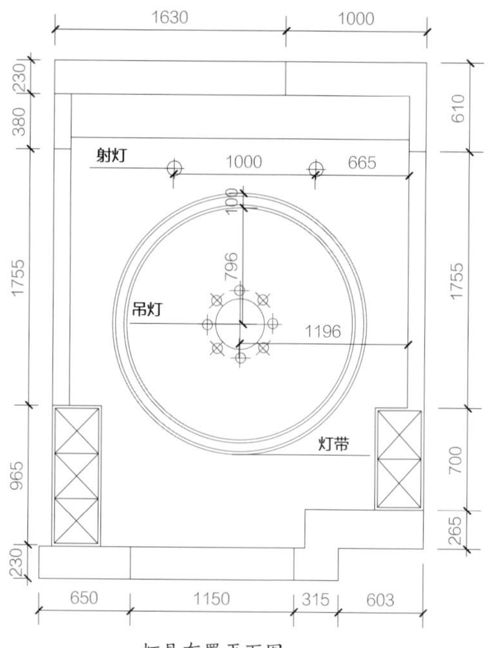

灯具布置平面图

（4）利用灯光设计改善玄关的缺陷

狭长型玄关：若玄关过于狭长，可以结合定制玄关柜进行改善。例如，将玄关柜设置为悬空式，并在柜体下方设置 LED 感应灯，居住者进入家门后，即自动开启光源，提供温馨照明的同时，也起到引导动线的作用。另外，可以在吊顶上安装嵌灯，起到情境式照明与辅助亮度的双重功能。

↑ 吊顶的筒灯为玄关提供了足够的光线，起到引导路径的作用，悬空的玄关柜下方安装的间接照明，则营造出明亮、开放的感觉

阴暗型玄关：若空间风格属于沉稳型，玄关的色调偏重，不妨利用灯光设计进行改善。可以在吊顶处等距安装两盏嵌入式筒灯，并在玄关柜的下方和柜体的内凹处装置间接光源，借助光源之间的配置来构成玄关照明。另外，针对玄关偏重的色调，可以选用 4000K 的暖白光来提升空间的明亮感。

→ 实木柜面的自然纹路充满了温润平和的气质，原本对称的柜门做了一半的中空设计，石材纹路的背景样式，加上合适的灯光布置，端庄之中多了耐看的设计感

8 过道：不刺眼的暖色光源是首选

过道通常是狭长的，接收到的自然光线极其有限。但由于过道主要起到连接空间的作用，人们在此停留的时间较短，因此，这里的灯光亮度无需太高，且适合选择不刺眼的暖色黄光用来照明。

过道照明基础要求

类型	概述
照度要求	过道整体照度要求：参考平面为地面，照度值为 30~75 lx
	深夜照度要求：参考平面为地面，照度值为 0~2 lx
色温要求	过道内的色温大约为 2700 ~3000 K
显色性要求	过道内显色指数的建议值为不低于 80 R_a

（1）过道照明设计的原则与要点

过道适合造型简洁的点光源：过道属于小面积空间，且顶部多布置有各种管道，因此不适合选择体形硕大、造型复杂的主灯，而适合设置均匀分布的点光源，如筒灯、射灯。另外，在过道的照明设计中，点光源应分散布置而不是集中布置。

→ 利用局部吊顶埋设暗藏灯带并安装筒灯，使顶面和地面同时被照亮，照明设计非常简单，但不仅能满足功能需要且具有艺术感

过道适宜加强端部的照明设计：在过道尽头的墙面处，可以搭配一盏造型别致的壁灯，在增加亮度的同时，能够提升氛围感，夜晚还能作为夜灯使用。在具体设计时，壁灯可与过道内的其他灯具分开回路控制。如果墙面有特别的造型设计或者有装饰画、艺术品等，也可用筒灯或射灯来代替。

→ *过道非常狭长，为了弱化其形状给人带来的压迫感，设计师在尽头的墙面上悬挂了一幅装饰画，并配置了两盏射灯作为局部光源将其照亮，空间变得明亮后就产生了前进感，从视觉上拉近了人与端头墙面的距离感，缩短了过道的感觉长度*

（2）过道的基础照明

使用筒灯作为主光源：① 过道中使用筒灯作为整体照明时，一般将其设计在吊顶的中心，这样光线会较为均匀地照射到地面上。同时，墙壁辅以壁灯作为辅助光源照明。② 当过道装设多盏筒灯时，间隔一般为 1500~2000mm。③ 如果想要追求个性的光影效果，可以将筒灯设计在吊顶中央，同时增加间接照明进行配合。④ 将筒灯靠墙面设计，空间中的光影会呈现出较为鲜明的对比，且使灯光具有动感。⑤ 端部的筒灯使光线打在墙面上，还能够起到增加空间进深感的作用，也可以将人的视线集中起来，从而降低空间的闭塞感。

过道筒灯布光

过道壁灯的安装高度：过道中壁灯的安装高度约离地面 2200mm，通常不会妨碍视线，同时要注意房间开门方向，避免一开门就挡住灯光。

装设脚灯供深夜使用：在沿着过道的墙面，离地 300mm 左右的地方，可以装设脚灯，方便夜间上卫生间。脚灯的光线亮度不用过于强烈，以柔和的非直射光为宜。

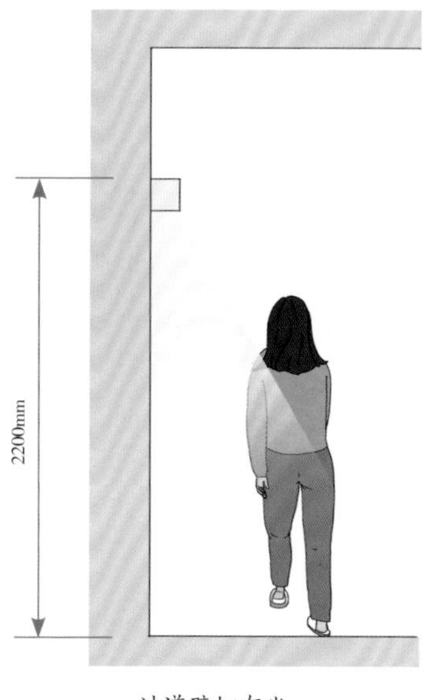

过道壁灯布光

过道脚灯布光

(3)过道的常见照明搭配方式

搭配方式一：照明筒灯组合 + 补光灯带

① 等距排列的筒灯，对过道的照明是比较充分的，可以使灯光匀称地分布在每一处角落。

② 筒灯的照明特点间接导致了吊顶能够接收到的光线亮度不足，因此，可以设计灯带来进行补光照明，提升吊顶的整体亮度。

实景图

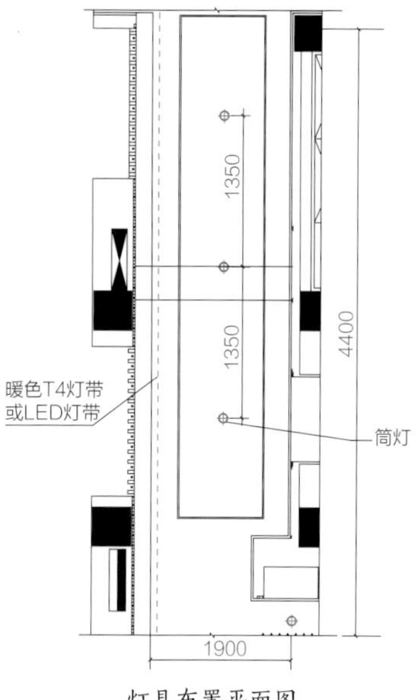

灯具布置平面图

搭配方式二：筒灯 + 柜下灯

① 有些过道的尽头会用装饰画来点缀，在设计时可以将筒灯设置得离画近一点，让光线射向装饰画，这样既可以吸引人的视线，起到导向的作用，又可以渲染氛围。

② 如果过道两侧安装了储物柜，也可以在柜内设置灯具，从而丰富过道的照明层次。

实景图

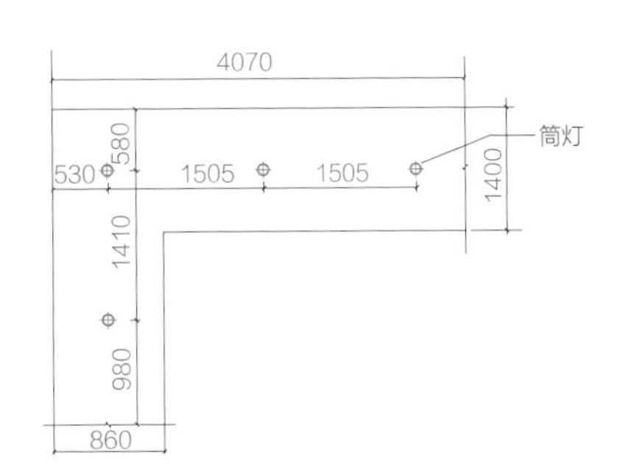

灯具布置平面图

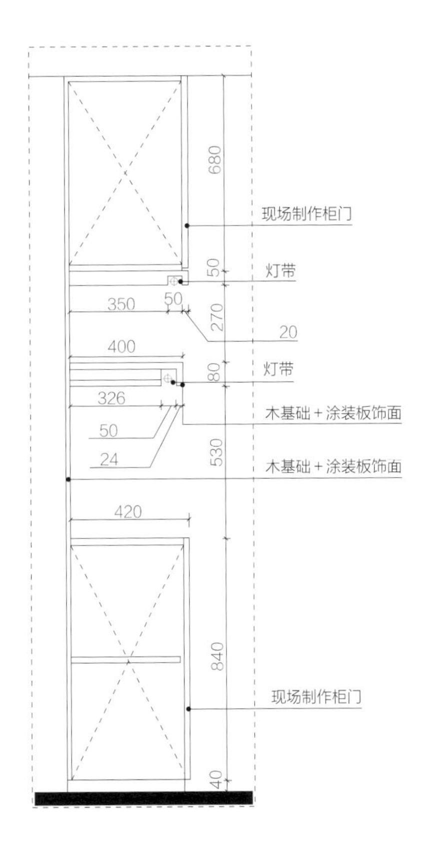

过道储物柜节点图

（4）利用灯光设计改善过道的缺陷

设有横梁的过道：若过道吊顶设有横梁，可以采用照明结合吊顶的设计来修饰，在吊顶处安设灯带或嵌灯，即能达到照明和美化的双重目的。

过于逼仄的过道：若过道过于逼仄，容易令人产生压迫感，但由于过道对亮度要求较低，因此可以选择在吊顶上设置间接照明的灯具作为主要光源，同时采用由下往上照射的方式来引导视线，这样就可以产生拉伸空间的效果，以此来淡化过道的逼仄感。

↑ 将筒灯设计在吊顶的中央，吊顶一侧留出一段距离露出建筑原顶面，在吊顶上方埋设灯管形成间接照明，更具层次感

↑ 过道顶面使用了线型间接照明，引导人们的视线走向端部墙面，并用与其他部分墙面的明度差距，降低了过道的闭塞感

思考与巩固

1. 客厅中的照明如何搭配才能体现出层次感？
2. 餐厅中的吊灯应如何悬挂？要如何搭配其他灯具进行设计？
3. 卧室不同区域应如何进行照明设计？要点是什么？
4. 书房的工作区域应如何进行照明设计？
5. 不同类型的厨房在照明设计时有哪些区别？
6. 卫生间的镜前灯有哪些常见的安装方式？
7. 玄关的常见照明搭配方式有哪些？
8. 使用筒灯作为过道的主光源时，应注意哪些问题？

第五章

公共空间中的光环境设计

照明对公共空间的渲染是室内设计中不可忽视的重要因素之一，灯光已经从单纯的照明配角升华为光环境艺术。通过灯、光、形、影的结合，将各个单体空间有效串联整合，体现空间的整体性，带来整体的听觉、视觉、嗅觉等感官的精神体验。公共空间的照明配置虽然与住宅空间不同，但也有相似的地方。在具体设计时，应针对不同的空间类型，选择合适的照明方式，才能营造出合理、健康的照明环境。

一、办公空间的光环境设计

学习目标	了解办公空间的照明设计要求。
学习重点	掌握办公照明的标准以及不同办公区域的照明设计手法。

1 办公空间的照明标准

办公空间照明的主要任务是为工作人员提供完成工作任务的光线，从工作人员的生理和心理需求出发，创造舒适明亮的光环境，提高工作人员的工作积极性和工作效率。因此，当工作场所对视觉要求、作业精度有更高要求时，可提高一级照度标准值。另外，设计照度与照度标准值的偏差不应超过 ±10%（此偏差适用于安装 10 个灯具以上的照明场所，当小于或等于 10 个灯具时，允许适当超过偏差）。

办公空间的照明基础要求

类型	概述
照度要求	普通办公室：参考 0.75m 水平面，照度值为 300lx
	高档办公室：参考 0.75m 水平面，照度值为 500lx
	会议室：参考 0.75m 水平面，照度值为 300lx
	视频会议室：参考 0.75m 水平面，照度值为 750lx
	接待室、前台：参考 0.75m 水平面，照度值为 200lx
	服务大厅、营业厅：参考 0.75m 水平面，照度值为 300lx
	设计室：参考实际工作面，照度值为 500lx
	文件整理、复印、发行室：参考 0.75m 水平面，照度值为 300lx
	资料、档案存放室：参考 0.75m 水平面，照度值为 200lx
色温要求	◎ 一般办公室照明光源的色温选择 3300~5300K 比较合适，属于中间色 ◎ 采用 LED 光源时，色温不宜高于 4000K
显色性要求	办公人员在室内的停留时间较长，且进行视觉工作，照明光源的显色指数应不低于 80R_a

2 办公空间的照明设计要求

应平衡总体亮度和局部亮度的关系：办公室属于长时间进行视觉工作的场所，若作业面区域、作业面临近周围区域、作业面背景区域的照度分布不均衡，会引起视觉困难和不适感。因此，办公室照明设计应注意平衡总体亮度和局部亮度的关系。

备注 作业面临近周围区域指作业面外宽度不小于 0.5m 的区域；作业面背景区域指作业面临近周围区域外宽度不小于 3m 的区域。

办公空间亮度比推荐

所处场合情况	推荐亮度比
作业面区域与作业面临近周围区域之间	≤ 1 ：1/3
作业面区域与作业面背景区域之间	≤ 1 ：1/10
作业面区域与顶棚区域（仅灯具暗装时）之间	≤ 1 ：10
作业面临近周围区域与作业面背景区域之间	≤ 1 ：1/3

应注意避免眩光干扰：由于办公人员进行视觉作业的时间较长，对于眩光比较敏感，长期在统一眩光值不合格的环境内工作，会造成视觉上的不适感，严重的更会损害视觉功能，因此办公室照明设计中避免眩光干扰不容忽视。通常办公空间的一般照明适合设置在工作区域两侧，当采用线型灯具时，灯具纵轴与水平视线应平行，不宜将灯具布置在工作位置的正前方。

办公空间统一眩光值

房间或场所	参考平面及其高度	统一眩光值
普通办公室	0.75m 水平面	19
高档办公室	0.75m 水平面	19
会议室	0.75m 水平面	19
视频会议室	0.75m 水平面	19
接待室、前台	0.75m 水平面	—
服务大厅、营业厅	0.75m 水平面	22
设计室	实际工作面	19
文件整理、复印、发行室	0.75m 水平面	—
资料、档案存放室	0.75m 水平面	—

反射系数应符合相应的标准：长时间工作的房间，其房间内表面、作业面的反射系数应符合一定的标准。一般情况下，办公室照明计算常用的取值为吊顶 0.7，墙面 0.5，地面 0.2。

办公空间反射系数推荐

表面类型	推荐反射系数
吊顶表面	0.8
墙壁	0.4~0.7
家具	0.25~0.45
办公室机器设备	0.25~0.45
地板	0.2~0.4

注：其中吊顶表面的推荐值仅指涂层而言，吸声材料的平均总反射系数要低一些。

3 不同办公区域的照明设计

办公室按照空间形式可以分为开敞办公区域、独立办公区域和会议办公区域。针对不同的区域，应有灵活的照明设计方案。

（1）开敞办公区域

均匀布置的直接照明：开敞办公区域是办公空间中最常见的布局，每个工位相对独立。这个区域的光照度应当尽量达到均衡，桌面照度值应接近 750 lx。

直接照明与局部照明组合：开敞办公区域通常采用直接照明的形式，但对于照度要求较高的局部位置，可考虑用局部照明作为补充。

间接照明与局部照明组合：开敞办公区域还可以采用间接照明和局部照明组合的形式，既能满足不同区域的照度需求，又能有效地避免眩光。

↑ 这种均匀间隔布置在吊顶上的集成照明灯，是开敞办公区域最常用的一种照明方式，既保证了办公环境的明亮度，也不会产生光线刺眼的问题

（2）独立办公区域

独立式办公室不仅要考虑工作照明，还需要考虑到会客时的照明，一般工作面照明推荐采用300~500 lx的照度，局部增加间接照明方式，如台灯、落地灯。色温控制在2700~4000K，照明方式以直接照明结合间接照明为宜。

↑ 以条形灯带作为主要照明的独立办公区域，配有办公桌上的台灯及窗扇下方的灯带，可以保证工作照明充足，营造出良好的办公、会客环境

（3）会议办公区域

会议室照明除了一般照明以外，还要加入局部照明，如在白板附近加入光源以便看清楚书写内容。而投影幕布区的灯具要单独控制，既能保证投影内容清晰，又能满足参会人员进行记录时的照度要求。

↑ 办公室的一般照明由按一定间距布置的射灯提供，并在会议办公桌的正上方布置可以改变照明方向的筒灯，在保证投影内容清晰的同时，满足会议记录人员的照度要求

思考与巩固

1. 办公空间不同区域的照度要求分别是多少？
2. 办公空间的照明设计应如何平衡总体亮度和局部亮度的关系？
3. 开敞办公区域的照明手法有哪些？

二、商业空间的光环境设计

学习目标	了解商业空间常见区域的照明设计要求。
学习重点	1. 掌握大型购物商场的照明设计手法。 2. 掌握专卖店的照明设计手法。

1 商业空间常见区域的照明设计

商业空间包括的类型较多，常见的有大型购物商场、专卖店等。其照明方法花样繁多，这些场所的照明设计不仅是为了满足功能需要，更多的是为一个特定的商业空间创造出特定的效果。因为，成功的照明可以更好地吸引目标顾客，创造出所需要表达的商店形象。商业空间的布局通常可以分为消费区域、交通区域和服务区域，在对照明进行设计时，要根据空间功能的不同，区分三种不同的光环境氛围。

（1）消费区域的照明设计

消费区域灵活多样，照明方面以提供亮度均匀的光环境为主。其中，中庭区域的照度应该保持在 500~1000 lx，建议色温控制在 3000~4500 K。中庭的灯具一般安装于顶部钢架上，并选用窄角度、大功率的灯具。

→ 中庭采用筒灯与灯带来提供均匀、明亮的光照环境，为消费者带来良好的购物体验

(2) 交通区域的照明设计

交通区域主要以通道、楼梯、扶梯、观光电梯为主，建议照度在 100~300 lx，如通道照度过高则不利于品牌店铺的表现。通道部分的照明通常使用下照灯，灯位的处理可以在利用下照灯的同时，大量使用线性灯和曲线灯槽，这样可以打造连续的光线。

(3) 服务区域的照明设计

服务区域主要为休息区、卫生间和会员服务区，这部分区域的照度应略低于通道的照度，以使顾客在此区域休息时尽可能地放松下来。

↑ 楼梯区域不仅设置了筒灯和墙面灯槽，并且楼梯中部的艺术装置中也设置了暗藏灯，整个楼梯区域的照度明亮，且具有连续性

↑ 服务区域采用暖光的、亮度稍低的筒灯、荧光灯以及落地灯作为照明设备，使顾客精神放松，舒适地享受服务

2 大型购物商场的照明设计

大型购物商场是指在一个建筑体内，根据不同商品设置销售区，其中以服装、化妆品、鞋类箱包、礼品、家庭用品为主，其照明是体现商场品位、展示形象的有效工具。

（1）一般照明

大型购物商场的一般照明需要配合室内装修进行设计，灯具通常均匀布置，以适应商品布置的灵活性。一般情况下，常采用 LED 灯、荧光灯或筒灯进行大面积照明，并结合射灯、轨道灯进行局部照明或重点照明。

备注 若采用单端节能荧光灯，应注意不要将光源露出，否则很难满足眩光 UGR ≤ 22 的要求。

↑ 商场的一般照明可以采用荧光灯进行大面积照明，并用筒灯进行辅助照明，筒灯应均匀布置，荧光灯应采用半透明的挡板遮挡光源，避免引起眩光

（2）陈列区照明

大型购物商场的陈列区应采用重点照明来突出被照商品，灯具可采用射灯、轨道灯、组合射灯等。光源常采用 LED 灯、陶瓷金属卤化物灯。

陈列区照明指标要求

指标名称	要求
照度	由重点照明系数决定，一般要达到 750 lx
重点照明系数	（5：1）~（15：1）
色温	根据被照物颜色决定，一般在 3000K 以上
显色性	R_a>80，如果使用 LED 灯，则 R_9>0

（3）柜台照明

柜台是专门为顾客挑选小巧或昂贵的商品所设，常用于手表、珠宝首饰、眼镜等商品的展示，照明设计应以看清楚每一件商品的细部、色彩、标记、标识、文字说明、价格标签等为诉求，通常会利用重点照明将商品明显地展示出来。

→ 除了一般照明外，柜台区均设置了重点照明，为售卖的物品提供充足的照明环境

柜台区照明指标要求

指标名称	要求
照度	500~1000 lx
重点照明系数	（5：1）~（2：1）
色温	根据被照物颜色决定，一般 > 3000 K
显色性	R_a>80，如果使用 LED 灯，则 R_9>0

（4）橱窗照明

优秀的橱窗展示可以起到吸引顾客的目的，激发顾客的消费欲望。橱窗的一般照明和重点照明均可采用射灯、轨道灯等进行设计，且通常采用 LED 灯、陶瓷金卤灯、卤素灯、荧光灯等高显色性的光源。另外，需要注意的是，橱窗白天和夜晚的照明需求有所不同，白天应考虑日光的影响，而夜晚则不需要特别高的照度。

橱窗照明指标要求

指标名称		高档	中档	平价
白天指标	对外橱窗照度 / lx	> 2000（必须）	> 2000（适宜）	1500~2500
	店内橱窗照度 / lx	> 一般照明	周围照度的 2 倍	比四周照度高 2~3 倍
	重点照明系数	（10：1）~（20：1）	（15：1）~（20：1）	（5：1）~（10：1）
	一般照明色温 / K	4000	2750~4000	4000
	重点照明色温 / K	2750~3000	2750~3500	4000
	显色指数 R_a	> 90	> 80	> 80
夜间指标	一般照明照度 / lx	100	300	500
	重点照明照度 / lx	1500~3000	4500~9000	2500~7500
	重点照明系数	（15：1）~（30：1）	（15：1）~（30：1）	（5：1）~（15：1）
	一般照明色温 / K	2750~3000	2750~4000	3000~3500
	重点照明色温 / K	2750~3000	2750~4000	3000~3500
	显色指数 R_a	> 90	> 80	> 80

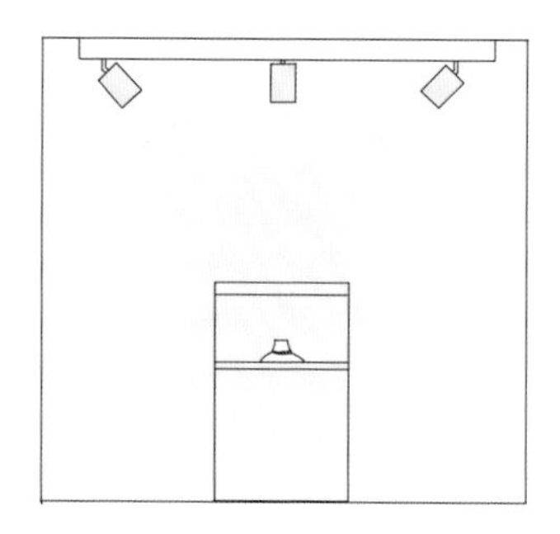

光源位置：正上方和斜上方
作用：突出商品造型，强调立体感

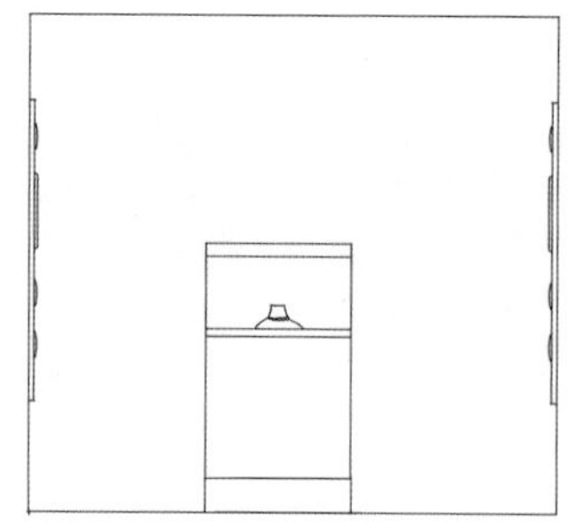

光源位置：两侧
作用：突出商品的立面细节

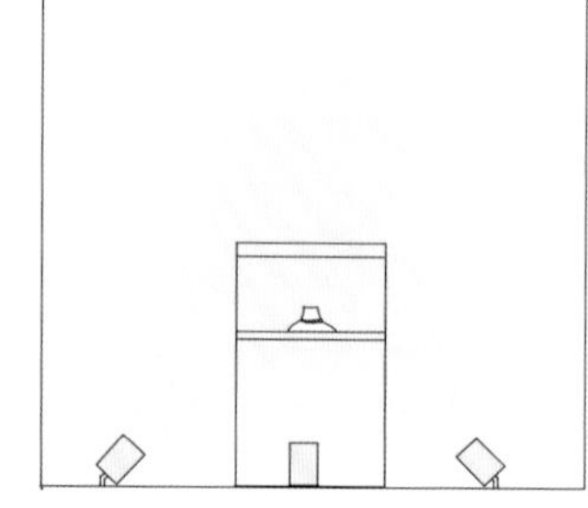

光源位置：下方
作用：强调商品所在的阴暗区域，营造时尚感

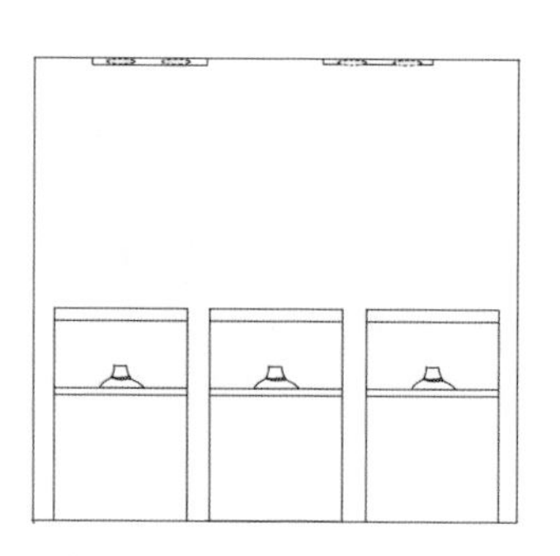

光源位置：上方多角度
作用：营造无阴影效果，让人放松，从而更好地挑选商品

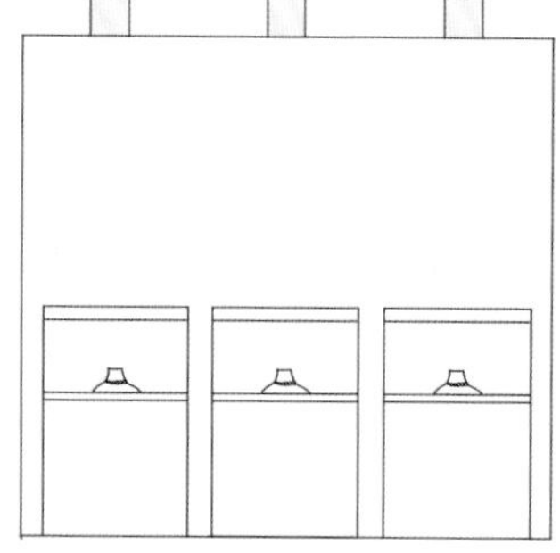

光源位置：正上方直射
作用：展示多个商品的情况下可以使用，更加突出每一个商品的细节

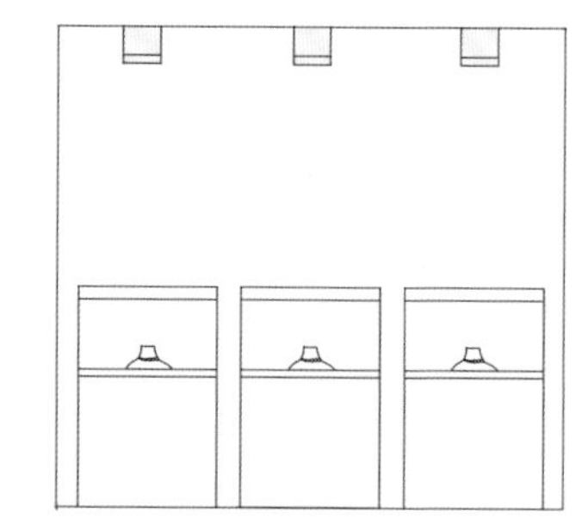

光源位置：正上方直射
作用：用明装轨道灯具进行照明，在更换展示模式、增加商品数量时就可以随之调整灯具的数量和位置

橱窗照明常见的布置手法

3 专卖店的照明设计

专卖店的照明设计不仅需要考虑推荐的量化指标，还需要考虑建筑、心理和视觉等多方面的非量化因素。因此，在设计时不再拘泥于单纯的静态灯光效果，动态灯光、色彩变化等方式都被逐渐应用到此类商店建筑中。

（1）入口照明

专卖店经常将入口与橱窗进行统一设计，形成风格上的整体性，给顾客连续的视觉冲击。橱窗入口处的照明一般比室内平均照度要高一些，为 1.5~2 倍，色温应当与室内协调。对于广告型的商店招牌，主要采用泛光照明方式，一般照度在 1000 lx 以上，照度均匀度在 0.6 以上，显色指数应大于 80。对于灯箱照明，主要在灯箱内安装荧光灯支架、LED 灯支架，灯间距约为 200mm，灯管和灯箱表面距离大于 100mm。

使用定向照明及效果

光线	功能描述
关键光线	主要照明，高照度会带来阴影，具有闪亮效果，可突出重点
补充光线	补充照明，可冲淡阴影，获得需要的对比度
来自背后的光线	从后上方照明，突出被照物的轮廓，使其与背景分离，可以用于透明物体的照明
向上的光线	突出靠近地面的物体，可以创造戏剧性的效果
背景光线	背景照明

(2) 店面照明

专卖店具有强有力的品牌形象，从店内空间的划分到店内的广告，从店内货物的选择、摆设到货架、展柜的形式，都有其鲜明的特色。一般来说，店内的照明灯具数量比较多，开灯时间长，因此应考虑使用高效节能灯具。对于颜色还原度有高要求的区域，要求显示度 R_a>90，如果使用 LED 灯具，则建议 R_9>30。

↑ *顶面布置了大量的点光源，为店内空间提供了较充裕的照度，同时具有装饰性*

通用型专卖店照明参考指标

参数	推荐数值
平均水平照度 / lx	500~1000
显色性	R_a > 80，如果使用 LED 灯，则 R_9 > 0
色温 / K	2500~4500
重点照明系数	(2 ：1) ~ (15 ：1)

(3) 收银台照明

收银台常采用重点照明的手法，且对垂直照度和水平照度的要求都比较高，应形成视觉聚焦。实际上，收银台的照明方式与室内照明方式相同，只是灯具更加集中。

思考与巩固

1. 大型购物商场中的橱窗照明有哪些常见的布置手法？
2. 专卖店入口处的照明应如何进行设计？

三、展陈空间光环境设计

学习目标	了解展陈空间的光环境设计要点。
学习重点	1. 掌握博物馆和美术馆的照度标准值。 2. 掌握展陈空间的常见照明方式。

1 展陈空间照明基础要求

展陈空间可以大致分为博物馆和美术馆，在进行照明设计时，应重点参考照明标准，遵循有利于观赏展品和保护展品的原则。另外，由于展品的特殊性，对其空间的照度有一定限制，目的在于保护珍稀的文物展品。

博物馆的照明标准

房间或场所	参考平面及其高度	照度标准值 / lx	统一眩光值	照度均匀度	显色性
门厅	地面	200	22	0.40	80
序厅	地面	100	22	0.40	80
会议报告厅	0.75m 水平面	300	22	0.60	80
美术制作室	0.75m 水平面	500	22	0.60	90
编目室	0.75m 水平面	300	22	0.60	80
摄影室	0.75m 水平面	100	22	0.60	80
熏蒸室	实际工作面	150	22	0.60	80
实验室	实际工作面	300	22	0.60	80
保护修复室	实际工作面	750①	19	0.70	90
文物复制室	实际工作面	750①	19	0.70	90
标本制作室	实际工作面	750①	19	0.70	90
周转库房	地面	50	22	0.40	80
藏品库房	地面	75	22	0.40	80
藏品库前区鉴赏室	0.75m 水平面	150	22	0.60	80

① 指混合照明的照度标准值。一般照明的照度值应按混合照明照度的 20%~30% 选取。

博物馆陈列室展品照度标准值及年曝光量限值

展品类别	参考平面及其高度	照度标准值 / lx	年曝光量（lx・h/a）
对光特别敏感的展品，如纺织品、织绣品、绘画、纸质展品、陶（石）器、染色皮革、动植物标本等	展品面	≤ 50（色温≤ 2900K）	≤ 50000
对光敏感的展品，如油画、不染色皮革、银制品、牙骨角器、象牙制品、宝石玉器、竹木制品和漆器等	展品面	≤ 150（色温≤ 3300K）	≤ 360000
对光不敏感的展品，如铜铁等金属制品，石质器物、陶瓷器、岩矿标本、玻璃制品、搪瓷制品、珐琅器等	展品面	≤ 300（色温≤ 4000K）	不限制

备注 陈列室一般照明应按展品照度值的 20%~30% 选取，陈列室一般照明 UGR 不宜大于 19。另外，一般场所 R_a 不应低于 80，辨色要求高的场所，R_a 不应低于 90。

美术馆的照明标准

房间或场所	参考平面及其高度	照度标准值 / lx	统一眩光值	照度均匀度	显色性 / R_a
会议报告厅	0.75m 水平面	300	22	0.60	80
休息厅	0.75m 水平面	150	22	0.40	80
美术品售卖厅	0.75m 水平面	300	19	0.60	80
公共大厅	地面	200	22	0.40	80
绘画展厅	地面	100	19	0.60	80
雕塑展厅	地面	150	19	0.60	80
藏画库	地面	150	22	0.60	80
藏画修理	0.75m 水平面	500	19	0.70	90

备注 绘画和雕塑展厅的照明标准值中不含展品陈列照明。另外，当展览对光敏感的展品时应满足“博物馆陈列室展品照度标准值及年曝光量限值”表中的要求。

2 展陈空间照明设计要求

灯具选择应起到保护展品的作用：博物馆和美术馆的展品照明通常使用射灯。例如，对于小型展品或展柜，常选用 LED 光源的射灯，对于大型雕塑和高大展柜，常选用可调光的卤素灯。另外，应根据展品的特性在灯具上安装不同功能的滤镜，以保护展品免受红外线、紫外线和过多热量的损害。

避免照明对展品造成损伤：一些油画或手工制作展品，应避免阳光直射展品。因此，玻璃外套要经过防紫外线处理，灯具上则应安装隔热工具，避免出现烤焦、融化展品表面材料的问题。

避免眩光的产生：在观展者观看展品时，应避免来自光源或窗户的直接眩光或来自各种表面的反射眩光。另外，对于油画或表面有光泽的展品，在观展者的观看方向不应出现光幕反射。

↑ *由于展柜内部的亮度高于展柜外部的环境光，因此不会在玻璃上产生光幕反射的现象*

3 展陈空间常见的照明方式

发光顶棚照明：通常将天然采光和人工照明结合使用，具有光线柔和的特点，适用于博物馆及展览馆。常用的灯具为可调光的荧光灯。

加拿大 UBC 人类学博物馆

↑发光顶棚为空间提供了无死角的光线，使空间的明亮度大幅提升

↑安装在发光顶棚上的柔光箱照明系统，可以模拟外部日光的色温。根据一天中的时间和室外照明条件的不同而不断变化，为展览提供不同的照明条件

洗墙照明：可以灵活地布置成灯带，将光投射到墙面或展品上，增加其照度和均匀度，效果较好。

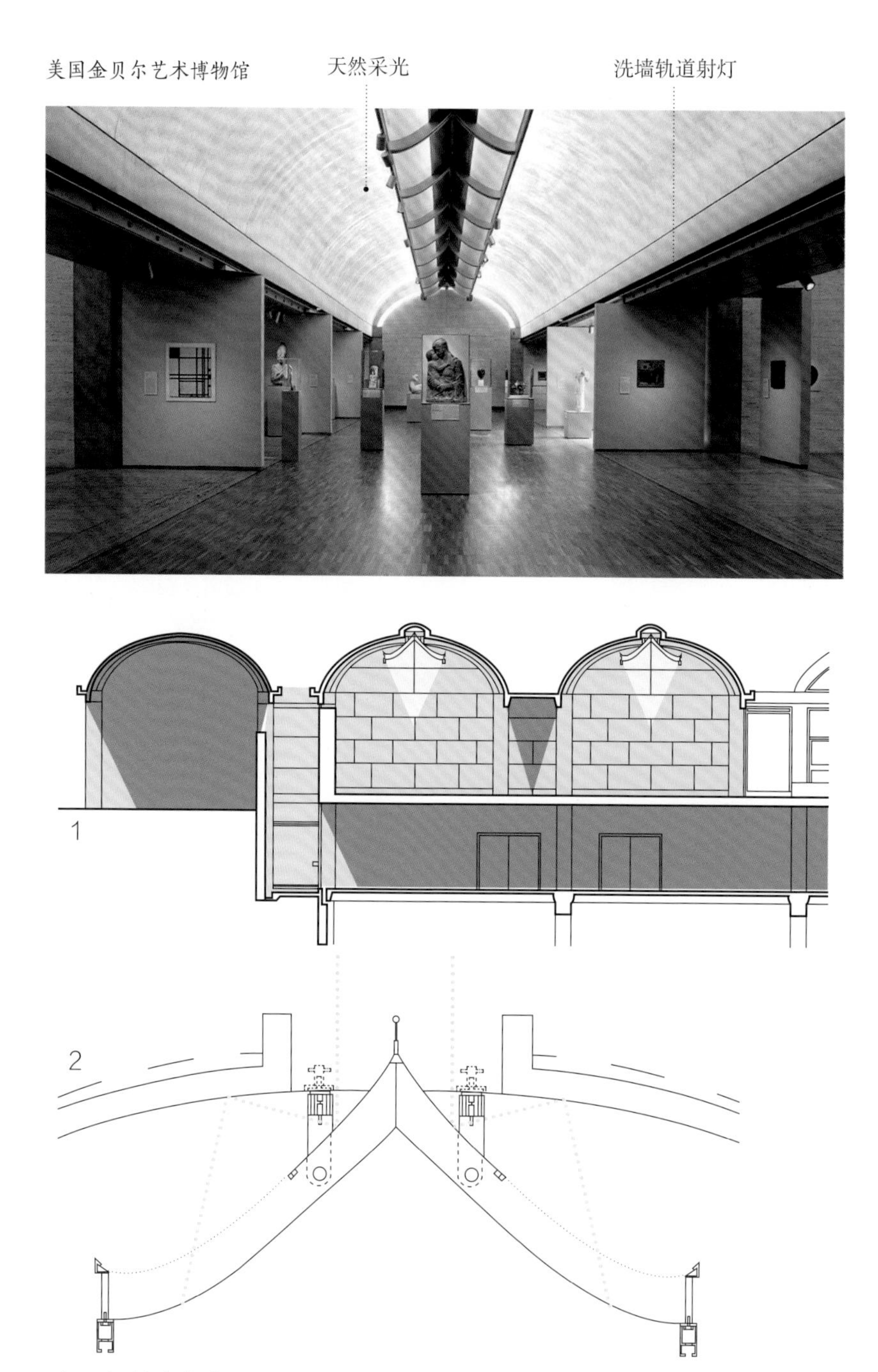

↑ *用穿孔铝板做成人字形断面的光线漫射板，既可避免阳光直射，又可消除眩光，还能让少量阳光散射入室内*

梵蒂冈美术馆

嵌入式重点照明：照明形式多样，还可通过特殊的反光罩达到局部加强照明的效果。对灯具的要求相对严格，应具备尽可能强的灵活性。

嵌入式射灯

← *嵌入顶棚的射灯，有局部加强照明的效果，但又不会被参观者发现*

美国克利夫兰艺术博物馆

导轨投光照明：在天花板顶部安装导轨，或在上部空间吊装、架设导轨，灯具安装较方便，安装位置可任意调整。通常用作局部照明，起到突出重点的作用。

轨道射灯
光源：卤钨灯

天然采光
顶棚材质：玻璃 + 钢

← *轨道射灯与天然光同方向，为天然光提供补充*

思考与巩固

1. 博物馆和美术馆的照度要求分别是多少？
2. 如何避免展陈空间出现眩光？
3. 展陈空间常见的照明方式有哪些？

四、酒店光环境设计

学习目标	了解酒店常见区域的照明设计要点。
学习重点	1. 掌握酒店的照度标准值和照明功率密度限值。 2. 掌握酒店客房的照明设计标准。

1 酒店的照明标准

酒店照明应通过不同的亮度对比，来创造引人入胜的照明环境，避免单调的均匀照明。另外，酒店照明对于节能性有严格的要求，常采用照明功率密度值（LPD）来衡量，基本要求是现行值必须满足，更高的要求是目标值，也是节能值。

酒店照度标准值和照明功率密度限值

房间或场所		参考平面及其高度	照度标准值 / lx	照明功率密度限制 / (W/m^2)	
				现行值	目标值
客房	一般活动区	0.75m 水平面	75	≤ 7.0	≤ 6.0
	床头	0.75m 水平面	150		
	写字台	台面	300（混合照明照度）		
	卫生间	0.75m 水平面	150		
客房层走廊		地面	50	≤ 4.0	≤ 3.5
大堂		地面	200	≤ 9.0	≤ 8.0
中餐厅		0.75m 水平面	200	≤ 9.0	≤ 8.0
西餐厅		0.75m 水平面	150	≤ 6.5	≤ 5.5
多功能厅		0.75m 水平面	300	≤ 13.5	≤ 12.0
会议室		0.75m 水平面	300	≤ 9.0	≤ 8.0

2 酒店常见区域的照明设计

酒店是以居住为核心的多功能场所，常包括总台、大堂、客房、餐厅、会议室、健身区域等，不同功能场所对照明的要求也不尽相同。

（1）门厅照明

门厅是酒店的“窗口”，常与大堂紧密相连，有的甚至融为一体。层高较高的门厅可以采用吊灯，以突显门厅的富丽堂皇；层高较低的门厅可采用筒灯、灯槽、吸顶灯等进行设计。另外，照明灯具的形式应结合吊顶层次的变化，使照明效果更加协调，并应突出总服务台的功能形象。

备注 门厅入口的照度选择幅度应大一些，并采用可调光的方式以适应白天和傍晚对门厅入口照度的不同要求。一般情况下，照度标准应不低于 200 lx。

↑ 以灰色石材为主要装饰材料的门厅，搭配内含荧光灯的灯槽以及能够完美融入环境的水晶吊灯，满足门厅照明的同时，还能使酒店显得更加富丽堂皇

小贴士

位于门厅处的总服务台区域可以采用局部照明或分区一般照明方式。另外，总服务台区域由于要办理入住和退房业务，其照度要求应不低于 300 lx。而作为引导客人视线的服务台背景墙面的照明也不容忽视，照明手法一般采用洗墙、背透光、重点照明等手段进行强化。

（2）宴会厅照明

酒店中的宴会厅一般用途广泛，具有多功能性，比较常见的用途包括文娱演出、会议、展览等。其照度应具有可调性，最高一档的照度要求应不低于 300 lx。在光源的选择上，宴会厅多采用显色性好、光效高的金属卤化物灯、LED 灯配合荧光灯进行设计。在灯具的选择上，宴会厅既可以采用吊灯，也可以采用吸顶灯、筒灯、槽灯等，主要取决于宴会厅的高度以及装修风格。

↑用于举办婚宴的宴会厅照明，采用暖色调的水晶吊灯及灯带，能使处在宴会厅的人精神舒缓、心情愉悦

（3）客房照明

客房是酒店的核心，不同区域的照明应进行区别对待。首先，客房的进门处宜设有切断除冰柜、充电专用插座、通道灯以外的全部电源的节能控制器。其次，客房床头宜设置集中控制面板；床头灯应既可以用于临时性阅读，也可以作为看电视的背景照明，且应具有调光功能。客房中若放置写字台，其台面上应有重点照明，可放置台灯；若设置会客区，则应设置落地灯或筒灯进行局部照明。另外，客房中的穿衣镜处需要有重点照明。客房中的卫生间一般采用筒灯、灯槽进行嵌入式安装；化妆镜照明可以采用直管荧光灯，也可采用射灯、筒灯。需要注意的是，邻近化妆镜的墙面反射系数应不宜低于 0.5。

↑客房中在床头摆放台灯，提供睡前照明；同时，在休闲区安装了小型吊灯，提供良好的局部照明

酒店客房的照明标准

指标名称	要求
照度	◎客房其他区域一般照度为 50~100 lx ◎床头功能灯一般需要达到 200~300 lx 的照度
色温	◎客房整体色温应在 3300K 以下，以营造温馨、安逸的环境，利于客人休息 ◎卫生间应显得清爽，必要时可以选择 3500K 以上高色温的光源，但更多时候应以色温一致的原则选择和客房灯具一样的色温
显色性	$R_a > 90$

（4）公共场所照明

酒店中的公共场所指的是休息厅、电梯厅、公共走道、客房层走道等场所。这些场所的照明宜采用智能照明控制系统进行控制，并在服务台（总服务台或相应层服务台）处进行集中遥控，但客房走道的照明可以就地控制。这些场所的灯具通常会选用嵌入式筒灯、吸顶灯、荧光灯、槽灯，以及壁灯等。另外，公共场所时常会布置艺术品、名画等展品，其照明适合采用重点照明的手法。

（5）餐厅照明

酒店中的餐厅应选用显色指数不低于 80 的光源，在布光时应均匀布置顶光，可采用吸顶灯或嵌入式筒灯进行行列布置或满天星布置，也可以采用吊杆灯与双吸顶灯配合的形式。另外，餐厅中最好安装烘托气氛的槽灯，一般有周边槽灯或分块暗槽灯两种形式。

↑ 餐厅中最显著的特色是悬吊的灯具，与有着戏剧性波浪纹理的墙面钢板呼应，其发出的光线柔和，照亮上部空间

小贴士

餐厅的桌面必须作为主要区域来考虑，要有足够的下照光线突出桌面。但这种方式不能单独使用，否则会令用餐者的面部产生严重阴影。因此，下照光需要远离人的面部，且应很好地被来自垂直面、吊顶的反射光线所平衡。

思考与巩固

1. 酒店门厅处的照明设计应注意哪些问题？
2. 酒店客房的照度标准值是多少？通常应如何进行照明设计搭配？